なにができるかな？
BRUSH

JN082322

Special Photo

#なんでも手づくり

Quick Japan Special
ラヴィット!

朝8時、誰もいない教室に
少しずつクラスメイトが集まってくる。
顔を合わせるなり、みんな口々にしゃべり出す。
最近ハマっているもの、昨日あった面白いこと。
誰かがオリジナルのゲームをはじめる。
いつしか時間も忘れて熱中する。
そのうち誰かが歌を歌い出す。
手拍子しながらみんなで笑う。
そう、楽しい時間は
自分たちの手でつくるんだ。
ゲームもクイズもロケも音楽も、
ぜんぶ手づくりだから面白い。
だから『ラヴィット！』は、
毎朝が青春。
#毎朝が青春

まくらあさみ＝撮影

MARKER

BRUSH

みんなで
作った
理想の学校

毎日、朝起きるのが憂鬱だった。
ワイドショーはコロナ禍の暗いニュースばかりで、
TVをつける気にもならなかった。

そんな2年前の春、新しい朝の番組が立ち上がった。
コンセプトは「日本でいちばん明るい朝番組」。
MCの川島明のもとに、芸人、アイドル、俳優、
元サッカー選手……と個性豊かな面々が集まった。
彼らは暗い世の中などお構いなしに、
歌やクイズやゲームで笑っていた。
まるで学校みたいだと思った。穏やかなクラスもあれば、
いつも騒がしいクラスもある。
たまに転校生がやってきて、同時に卒業していく生徒もいる。
あの朝の教室の中にあるのは、
忙しい日々を送る大人たちの、束の間の青春だ。

取材を通じて見えてきたのは、
朝8時からどんな企画にも全力でぶつかって、
スタジオを盛り上げてきた生徒たちの本気の姿。
時に批判も受けながら、
大事に番組を育てて大きくしてきたスタッフたちの熱量。
そして「誰かの“好き”を否定しない」
という、たったひとつのルール。
『ラヴィット!』は、みんなでゼロから
手づくりした理想の学校なのだ。
その学校があるおかげで、今は毎朝、
TVをつけるのが楽しみになった。

山本大樹＝文

INDEX もくじ

Cover
Model 川島明&田村真子（TBSアナウンサー）
Photo まくらあさみ
styling 千本松良枝（田村真子）
cover design 沼本明希子（direction Q）
〈衣装協力〉ワンピース（田村真子）／
Noela（ヒロタ株式会社 03-6450-3416）

今日からまた、騒がしい
1週間がはじまる——

Special interview

川島明

僕が一番ふざけたがりなのを
忘れないでほしい

番組スタートから2年半、毎朝の生放送を見守り続けてきた川島明。「日本でいちばん明るい朝番組。」を掲げるとおり、朝8時からスタジオの全員がゲームやVTRに夢中になって楽しむ姿は、多くの視聴者たちを元気づけてきた。今年4月からは、待望だった『夜明けのラヴィット!』もはじまった。みんなで作り上げた“理想の学校”の先生として、川島はどんな意識で生徒たちと接しているのか。今の『ラヴィット!』を語り尽くす。

放課後に立ち寄る場所ができた

―― 2021年12月に、Quick Japanの『ラヴィット!』特集で川島さんにお話を伺ったときには、「いい意味で出演者からナメられている」というお話をされていましたね。

川島　そうでしたね。『ラヴィット!』で好き勝手やってる子らがほかの番組に出てるのを観ると、だいたいお上品に、ルールに則ってやっているので。どういうことかな、なんで『ラヴィット!』でだけあんなんになるのかな、とは今も思っていますけども（笑）。

―― 視聴者としてはこの2年で『ラヴィット!』の人気が定着し、安定期に入りつつある気がしますが、川島さん自身は今の『ラヴィット!』のステージをどう見ていますか？

川島　たしかに2年やらせていただくなかで、「『ラヴィット!』といえばコレやってるよね」という定番はけっこう生まれた気もしますね。「よくゲームやってるね」と思う方もいれば、「いつもビリビリやってるね」とか「なんか食べてるね」という認識の方もおられる。だからこそ、もうひとつ次のステージに行かなきゃいけないのかな、とも思っていますね。

―― 2年の間に曜日レギュラーのみなさん、ラヴィット!ファミリーのみなさんの仲がだいぶ深まってきて、これまで以上にみなさんが自由にボケる時間が増えているように思います。川島さんとしては今、どんな感覚で日々の放送に臨んでいますか？

川島　『ラヴィット!』は、ほんまにスタッフさんが超優秀なので。本来であればオープニングを50分で終わらせなあかんところを、激押しして1時間超えたとしても、その瞬間瞬間でVTRを編集したり、クイズを1個減らしたりと、どんどん対応してくれるんですよ。だから僕も正直、前のように「なんとか9時までには終わらせないと」という気持ちではなくなっていますよね。

―― では、以前よりは余裕を持って取り組んでいる？

川島　そうですね。一度、オープニングが押しすぎて、見取り図が行ってくれたロケが半分しか流せなくなったことがあって（※）。たとえばこれが普通の報道番組とか情報番組だったら「今日はこれを放送します」と告知していたものが放送されなかったわけですから、とんでもないことですよね。でも『ラヴィット!』を観てくれている人は「そりゃそうやろうな」と受け入れてくださった。スタッフさんも、最初は英断だったと思いますけど、今は多少押しても「まあ最悪VTRは来週流すので」と普通に対応してくれるようになって。

―― 視聴者も理解があるというわけですね。

川島　ありがたいことに。それに加えて、今年4月から大きく変わったのは『夜明けのラヴィット!』がはじまったことですね。たとえばゲストの方が来て、やることがいっぱいあってその日の放送時間に収まりきらないというときでも、『夜明けのラヴィット!』だったらたっぷり放送できる。

―― なるほど。『夜明けのラヴィット!』がある

釣木文恵＝文　まくらあさみ＝撮影

ことで、毎日の放送時間からこぼれるものを吸収できる。だからこそ、これまで以上に自由にできるということですか？

川島　そうです。だから「うわ、ちょっとスタジオ荒れてきたな」と悔やむことがほぼなくなりました。学校でたとえるなら、『夜明けのラヴィット！』は放課後にもう1軒、ファーストフード店に行ってるような感覚ですかね。それで「授業中のあれ、なんやってん」みたいなことを、先生も混じって話しているような。

――『夜明けのラヴィット！』のアフタートーク部分はまさにそんな感じですね。

川島　最近の『ラヴィット！』は出演者もスタッフも一致団結していて、それはすごくいいことなんですけど、初めて観る方の中には、もしかしたらファミリー感が強くてちょっと壁を感じられる方もいたかもしれない。でも、そういう部分も『夜明けのラヴィット！』でケアできているような気がするんですよ。ちょっと僕らの雰囲気を覗いてもらって、「次また来てください」と言えるようになった。『夜明けのラヴィット！』の存在は本当にでかいです。

先生がはしゃいでるのが一番引くでしょ？

――川島さんはMCとして毎日仕切りながらも、各曜日レギュラーの方やラヴィット！ファミリーの方が自由に振る舞っているところにプレイヤーとして参加する瞬間もありますよね？

川島　ありますね。

――MCとして、プレイヤーとしてのバランスはどう考えていますか？

川島　ありがたい話、全曜日、誰かはディフェンダーに回れる人がいるんですよ。それこそミキ昴生くんであったり、おいでやす小田くんであったり。もちろんアンタッチャブル柴田さん、NON STYLE石田くん、ビビる大木さん、ロバート馬場ちゃんもそういう役割ができる人たち。だから、僕は極力キーパーの場所にいるようにはしていますけれども、やっぱり楽しくなると前に出たくなっちゃうんですよね。

――なるほど。

川島　あらかじめ「今日はやってやろう」とかいう気持ちはないんですけども、自分もゲームに参加しているなかで場が荒れたときは、もう「ここは自分がいちばん荒れたほうがこの場が収まるな」と思って前に行ったりもします。外側からその場を収めるだけがMCじゃないのかな、と思いますし。たとえば修学旅行でも、先生がはしゃいでるのが一番引くでしょ？

――たしかにそうですね（笑）。

川島　修学旅行の夜に、見回りに来た先生が「おい、お前らもう寝ろよ」とか言うより、先生も枕投げに参加して一番夢中になってたほうがみんな寝るんじゃないかという（笑）。たまにそれが気持ちよくて、やってしまうことはありますね、今年は。

――「今年は」というのは、先ほどおっしゃった『夜明けのラヴィット！』で吸収できるから？

川島　それもありますし、もっと大きいのはいい意味でみんな、遠慮がなくなってきているからですね。毎日のことですから、僕自身失敗もめっちゃしてますし。「ここは！」というけっこう大事なところでパスを回さなあかんのにうまくいかないまま終わらせることもある。そういうポンコツ感が出てきたので、みんなに怒られる部分ができてきたんです。

――そこを、各曜日にいる球を拾える方たち

がフォローしていく?

川島　そうですね。そこは信頼しています。本来、僕はボケだということを忘れないでいただきたい。田村の相方なんですから。僕がいちばん、そういうのをふざけたい人だということは、みなさんに忘れないでいただきたいです。

担任・川島の曜日別メモ

――『ラヴィット!』の出演者同士の仲が深まるにつれ、曜日ごとの色がより濃くなっているように思います。川島さんはどのように各曜日を捉えているか、順番に教えていただけますか?まず月曜日から。

川島　月曜は、面白いこともやるけれども非常に穏やかな曜日ですね。スイーツを食べながらゲームして、なんだか毎回お誕生日みたいな感じになってる。これはぼる塾田辺さんのカラーもあるでしょうし、キーマンである馬場ちゃんの柔らかさも影響しているんでしょうけども……。そうですね、全部が柔らかい。だから僕としても、土日休んで、月曜からまた『ラヴィット!』がはじまるというときに、このメンバーでよかったなと思います。なじみやすいというかね。

――火曜日はどうですか?

川島　なんといっても火曜はビビる大木さんと若槻千夏さんがいるんで、むちゃくちゃ安定感がある。アインシュタインもいればミキもいるし、そのなかにシーズンレギュラーやゲストが入ってきても屋台骨がしっかりしているので、ほんと火曜日は安心してます。1週間の中でも、ここがいちばんバラエティになっている気がしますね。そういうメンバーが揃っていてくれるから、僕がいちばんふざけてるのは火曜かもしれないです。僕自身がなんか問題起こしたり、急にボケたりすることが多い気がしますね。

――では水曜日を。

川島　男子校みたいな感じですよね。一時期は見取り図盛山による大阪芸人あっせんの場、漫才劇場裏口入学の場になっていましたけども、実際そこで結果を残した人が準レギュラーやロケ常連になっていたりもしますし。「#盛山と遊ぼう」とか赤坂サイファーが生まれるノリも男子校っぽい。柴田さんもなんだかんだいちばんボケたりしますしね。でもそこに、生徒会長のように矢田亜希子さんがいるから、意外とふざけすぎないんですよ。「かわいい子が見てるから」とチラチラそっちを横目で見ながら振る舞っている感じで、けっこう品がある。ただ、盛山はさらば青春の光・森田が来るとずっと追いかけっこしたりして、女子からしたら全然好きになれないようなことしてますけど(笑)。CM中もずっとしゃべってるし、バランスもいいから、シーズンレギュラーも楽しそうですよね。

――木曜日のカラーは。

川島　木曜はニューヨークがすごいなと思いますね。「ニューヨーク不動産」とかのロケ企画がけっこう面白いし、若干のダークさもある。あとは嶋佐のスター性。『ラヴィット!ロック』の礎となった嶋佐の本気のOasisは、『ゴールデンラヴィット!』でも反響がありましたしね。『ラヴィット!』での嶋佐は、なんかすごく不思議な存在ですよね。あと、ギャル曽根がずっとしゃべってます。CM中も「これおいしいよ」とか「これ食べたよ」とか、ふつうのおばちゃんが入ってきたみたいな感じ(笑)。石田くんがまとめてくれるおかげで僕がふざけられるところもありますね。

――問題の金曜日ですが。

川島　ここはもう『ラヴィット!』と呼ばな

いでほしい（笑）。いや、実際金曜はくっきー！さんのおかげで夜間学校みたいな空気がありますよね。やっぱり僕が信頼しているのは彼なんですよ。ああ見えて番長みたいなところもありますし。アニメの情報とか言ってもくっきー！さんは笑ってくれるから、金曜だけは僕もけっこうネクタイを外してる感覚で。あとは近藤千尋さんがよくやっているなあと思いますね。ほかがほぼ全員芸人という中であれだけ目立てるのはすごいことですよ。金曜はもっとも「文化祭」感がありますね。なんでもアリになっているから、当たればデカい。初期は苦労した曜日でしたけど、だんだんまとまってきてる感じもしますし。非常にお笑い色が強くて、一番疲れるけど、一番笑ってしまうのが金曜日ですね。

冗談半分のアイデアが実現

――― 昨年末にはゴールデンタイムに3時間の生放送特番『ゴールデンラヴィット！』が放送され、8月には『ラヴィット！ロック2023』が実現します。朝の情報番組としては特異な広がり方をしていますが、川島さんはこの状況をどう見ていますか？

川島　スタッフさんの対応力が本当にすごい。それに尽きます。『ラヴィット！ロック』にしたって、嶋佐のOasisをきっかけに、歌にまつわる展開があるたびに「ラヴィット！ソニック出演決定」なんて冗談半分で言ってたら、それを本当にやってくれるわけじゃないですか。

――― 冗談が実現していく。

川島　そもそも『夜明けのラヴィット！』だって、「令和の『笑っていいとも！』と呼ばれてるんだったら増刊号がないと」なんて、最初は芸人たちがボケで言っていたことですから。それを実現してくれたスタッフさんには感謝しかないです。今もとんでもないスケジュールで、金曜日に放送したものまでまとめて土曜の早朝に間に合わせてくれているわけですよ。10時間ある放送を1時間45分にぎゅっと凝縮してますから、面白いんですよね。僕も毎週早起きして、めっちゃ面白いなと思って観てます。こんなにも夢を叶えさせてくれるなんて、まあ本当にすごい番組です。

――― 『ラヴィット！』ならではの魅力は、やはりその真に受ける力というか、対応力の部分でしょうか。

川島　そうですね。瞬発力、行動力、ノリのよさ。日々そういう場面が無数にあって、たとえば「今度こんなメンバーでロケ行きましょうよ」と放送中に言ったことがすぐに実現しますし、オープニングで言ったことを1個コーナー削ってでもエンディングでやってみようとかもありますし。鮮度をすごく大事にしているんですよ。

――― その場その場で対応していく。

川島　カンペを出す人もすごいんです。たとえば先日、INIの松田迅くんがゲストで来たときに、僕は慣れ慣れしく「迅」と呼んでたんですよ。生放送なんで、「松田くん」と毎回呼ぶより「迅」と呼んだほうが早いのでね。なにかあったときに咄嗟に「迅、なにしてんねん！」とか言えるから。そしたら、途中からもうカンペの「松田くん」のところが全部「迅」になってる。

――― 生放送の最中にパッとカンペを見て、一度名字から名前に変換するという段階を踏む必要がなくなるというのは、かなり重要なんですね。

川島　そうですそうです。「川島がそう呼んでるから」とその場ですぐに合わせてくれる。みんな、ボールを蹴りやすい場所に置いてくれる能力がめちゃくちゃ高い。

――― それを月曜から金曜まで、毎日2時間やっているわけですね。

川島　生放送だけど、編集しながらやっているところがあるんですよ。CMとかVTRに入ったタイミングでスタッフさんとちょこちょこ打ち合わせをするんですよね。「あのコーナー省略しましょう」「エンディングは誰に振りましょう」とか、「この人は『夜明け』でいこう」とか。そういう、打ち合わせをしてどんどんその場で編集していくという部分は僕自身もかなり大事にしてますね。

――― 放送中に「もうこれは『夜明けのラヴィット!』に」というところまである度見えているんですね!

川島　そうです。

――― 生放送を進行しながら、週末の放送のための収録も同時に動いている……。ちょっとほかではありえないようなことをやっているのでは。

川島　いやあ、何度も言いますけど、スタッフさんがすごいですね。その場でVARを出してみるとか、リハーサルを撮っておくとか、そういう「もしかしたら面白いもんが撮れるかも」の精神も、この２年でどんどん濃くなっていると思います。

できることがどんどん広がる

――― 冒頭で「もうひとつ次に行かなきゃいけないステージかも」という話がありましたが、川島さんは今後の『ラヴィット!』はどうなっていけばいいと考えていますか?

川島　これまでけっこう好き勝手にやらせていただいてできた形がある。これはこれでいつでもできるぞという『ラヴィット！』の武器になったかなと思うんです。だから、ここであえて情報に振り切っても、今のメンバーだったら面白くできるんじゃないか、とも思うんですよ。

――― たしかに!

川島　放送がはじまったころにやっていて、結果が出ないで終わってしまった占いコーナーがあるんですよ。全員がふわふわして、固まりきってないなかで占いコーナーを無理やり頑張ってやってたんです。でも振り返ってみたら、あのコーナー、めっちゃおもろかったんちゃうかと思って。今やったらもっとボロクソ言えたり、褒め称えたりできるのかなと思うんですよ。あと、たとえば誰かが後半で天気予報中継に行ったりとか。

――― それは面白そうです。

川島　そういうことも今ならできるんじゃないかと。ダメやったらダメで次行こう、と言えるし。よく考えたら、今はもう火曜のメイクのコーナーくらいしかまともなコーナーがなくなってきてる気もしてて（笑）。ほかにも、男性ブランコの哀愁がすごいというところから「愛愁食堂」のコーナーができたみたいに、みんなの趣味からコーナーができてもいいしね。今はオープニングが１時間、VTR１時間という感じが定着してきていますけど、また全編オープニングというのもやりたいし、しんどいときはぜんぶVTRにしてほしいし（笑）。やりたいことをもっともっと濃くしていくこともできるかな、と。今の『ラヴィット！』なら、もっともっといろんなことができる気がしますね。

※2022年9月28日放送回。「安くてウマくて○○な店」が途中までしか流せず、急遽翌週に後編として続きを放送

川島明 Akira Kawashima

1979年生まれ、京都府出身。お笑いコンビ・麒麟のボケ担当

こんなにも夢を叶え
させてくれるなんて、
まあ本当にすごい番組です。

幻冬舎の本

GENTOSHA 幻冬舎 〒151-0051 東京都渋谷区千駄ヶ谷 4-9-7 Tel.03-5411-6222 Fax.03-5411-6233
幻冬舎ホームページアドレス https://www.gentosha.co.jp

2023年 ラヴィット!組

出席簿

担任 川島明 副担任 田村真子

曜日		氏名	出席	欠席
月		馬場裕之(ロバート)		
		ぼる塾(きりやはるか・あんり・田辺智加)		
		本並健治&丸山桂里奈		
火		ビビる大木		
		若槻千夏		
	隔週	アインシュタイン(稲田直樹・河井ゆずる)		
	隔週	ミキ(昴生・亜生)		
	隔週	宮舘涼太、佐久間大介(Snow Man)		
水		柴田英嗣(アンタッチャブル)		
		矢田亜希子		
		見取り図(盛山晋太郎・リリー)		
木		石田明(NON STYLE)		
		ニューヨーク(嶋佐和也・屋敷裕政)		
		ギャル曽根		
		横田真悠		
金		くっきー!(野性爆弾)		
		太田博久(ジャングルポケット)&近藤千尋		
		東京ホテイソン(たける・ショーゴ)		
	隔週	EXIT(りんたろー。・兼近大樹)		
	隔週	宮下草薙(草薙航基・宮下兼史鷹)		

スタジオゲスト 密着ドキュメント コットン

転校生の忙しい朝

笑って、泣いて、電流を受けて……

毎日、『ラヴィット！』の教室にはさまざまな生徒が訪れる。その場にいる全員が初めましての人、何度も遊びに来ている顔見知りの人。ここにやってくるゲストたちは、どんな思いでそのドアを開けるのだろうか。今日のゲストはコットン。「1回でも呼ばれたらファミリー」という生放送の現場に密着した。

『ラヴィット！』は前日からはじまっている

釣木文恵＝文　木村心保＝撮影

2021年初登場。『キングオブコント』で結果を残した2022年秋以降は、たびたび番組に呼ばれるようになったコットン。『ラヴィット!』を学校とするならば“転校生”的な存在の彼らは、どのように番組に挑んでいるのか。事前インタビューとスタジオに出演した日の様子を交えてお届けする。

「一番最初にスタジオに呼ばれたときは、キャリーバッグいっぱいに小道具を詰めて行きました。座席の下に山咲トオルさんのマネをするための帽子とか、けん玉とか仕込んでた」（きょん）

「でも結局、ほとんどなにもできなかったですね」（西村）

今はもう、そこまでの準備はしていないというふたり。

「前日は食べすぎない、脂をとらないことだけは意識してます。『ラヴィット!』のスタジオは前日からはじまってます」（きょん）

「僕はロケはめっちゃ準備しますけど、スタジオに関してはほとんどなにもしない。ひとつだけ、最初のあいさつは行きのタクシーで考えてます。きょんは大御所のようにギリギリにスタジオに入りますから、川島さんと安住さんのクロストークの後ろでこっそりネタ合わせしたりして」（西村）

川島とスタッフの連携プレー

7月18日、火曜日の生放送当日。ビビる大木率いる大木劇団に参加するため、きょんは7時半にはスタジオに入り、リハーサルを行っていた。しかし一旦姿を消したきょんは、西村の言うとおりギリギリ3分前に再びスタジオに戻ってきた。ふたりは小さな声で話し合ったかと思うと、一緒に動いてみせる。数十秒のネタ合わせでこの日のあいさつが決まった。この日は、番組スタート早々、山添をイジろうとしたインディアンスきむの緊張具合いに注目が集まる。川島が「VARもらおうかな」と言うと、フロアのスタッフはまったく動じる様子なく、そこから20秒とかからずプレイバックが流れた。

東京の若手をもっと紹介したい

コットンによれば、オープニングトークのためのアンケートは、曜日によって形式が異なるという。「今回はグルメ、アーティスト、芸人と細分化されていました。スタッフさんに直接聞かれることもありますよ」（きょん）。
過去には令和ロマンや狛犬など、後輩芸人を紹介してきた西村。
「『東京の若手にこんなおもろいヤツいますよ』というのは川島さんに見てほしくて。あとは地元・広島を盛り上げたいので、広島のグルメとかアーティストさんとかを紹介するようにしています」（西村）
「僕はまだあまりメディアに出ていない面白い同期を積極的に書いています」（きょん）

結婚式みたいな日でしたね　この日のスタジオは、「涙が出そうになるもの」というテーマに基づいてきょんが紹介した東山堂のCMで感動に包まれた。かと思えば大木劇団、グルメ紹介といろんなできごとが次々に起きる。もはや『ラヴィット!』名物とも言えるビリビリイスを導入したイス取りゲームのときは、どの椅子に電流が流れるか出演者にわからないようモニターに目隠しの布がかけられる徹底ぶり。スタッフも本気だ。
西村はコンビの思い出の曲として馬場俊英「スタートライン～新しい風」を紹介。本人の生演奏にコットンの軌跡をたどる映像が重なり、再び感動の雰囲気に。「今日、笑って怖がって大木劇団やって泣いて、感情ぐっちゃぐちゃ」というきょんのコメントに、東山堂のCMも踏まえた川島の「結婚式みたいな日でしたね」という返しで爆笑が起きた。

アフタートーク後も雑談

オープニングこそが『ラヴィット!』の要だと思われがちだが、後半、VTRを観るスタジオの雰囲気も独特。全員がワイプの映りをさほど気にする様子もなく口々に話し、この日紹介されたディズニーアニメに本気で引き込まれている。この自由さが、『ラヴィット!』らしさを作っているのかもしれない。CM中はちょくちょく大木から話しかけられていたコットン。アフタートーク後もしばらくスタジオに留まり、大木や若槻千夏と談笑する。すっかり曜日レギュラーに馴染んでいるようだ。

「ラジオに呼んでいただいたとき、川島さんが僕らを『ラヴィット!ファミリー』と呼んでくれたのがうれしかった」(きょん)

「それ、1回でも呼ばれたらファミリーってやつじゃなくて?(笑)」(西村)

教えて、先輩！

『ラヴィット！』対策講座 1

スタジオ編

最初のうちは誰もが緊張せずにはいられない、『ラヴィット！』の現場。どんな準備をしていけばいいのか？　どうすれば番組を目一杯楽しめるのか？　経験豊富な3組の芸人たちに教えてもらおう！

川島さんが全部なんとかしてくれる

教えてくれた人　**真空ジェシカ**

スベったときは一緒に死ぬ

―― 最初の事故は、初登場のあいさつで川北さんが披露した「逆ニッチェ」でした。

川北　僕らがスベりすぎたことはもちろん申し訳ないなとは思うんですけど。あの日、スタジオにいたマヂカルラブリーの野田さんがボケを被せてスベったことには、ありがとうございますという気持ちだったんですよ。

ガク　先輩も一緒にスベってくれて。

川北　そこで村上さんも一緒になってボケて、収集がつかなくなってしまったという。

ガク　村上さんの「せい」で炎上した？

川北　「せい」とまではあれですけど。Twitterで村上さんも叩かれてたんですけど、僕らを叩いてる人よりも、ちゃんと話の通じそうな人たちから叩かれてました。

ガク　マヂラブさんだけが僕らのことを理解してくれている状況だったので、村上さんが「俺がツッコまなきゃいけない」と思わなかったのは不思議です。

―― その後も数回事故を起こしてきましたが、生放送でもブレーキを踏まないのですか？

川北　踏んでます。プロなので。もちろん。

ガク　川北は変なところでブレーキを踏むというか。くまちょむさんというぷよぷよのプロの方と対決したときに、以前ネット番組でその方に勝ったことがあるのに、『ラヴィット！』では「くまちょむさんには到底敵わない」というスタンスでした。そういうふるまいをした回に、収録だったら絶対にカットされるような過激な発言もしてしまう。

川北　神回だな。

ガク　川北の発言で炎上したら、強く言わないとな、と思います。「川北のアレをやめさせてください」みたいなDMがいくつか溜まったら言うようにはしています。

黙っていればアイドルは勝手に寄ってくる

―― 川北さんが発表するプレゼントキーワードも事故を起こしがちですね。

川北　僕らへの「全然面白くない」「二度と出すな」という批判

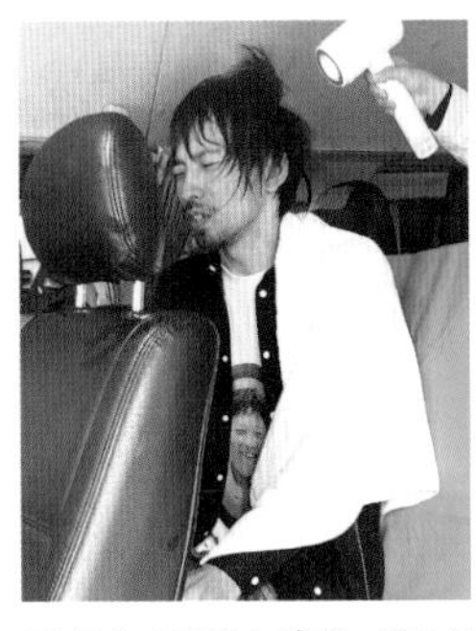

ロケスタッフは芸人がびしょ濡れになることも織り込み済み

須永貴子＝文

のツイートに、プレゼントキーワードがちゃんと添えてあるのを見て、すごく優しい気持ちにはなりました。
ガク　批判はするけどプレゼントもほしいっていう（笑）。

——— ガクさんの心境は？
ガク　「ウケてくれ」と祈るのみです。

——— アイドルとの距離感も間違えると炎上しそうですが、今までノー炎上ですね。
ガク　それは、アイドル側がすごく頑張ってくれているんだと思います。
川北　僕らから話しかけたことはたぶん1回もないです。インフィニッチェも「貸してください」と言われたんで。
ガク　日向坂46の子たちに。
川北　黙ってればアイドルって寄ってくるからね。
ガク　そんなことはない！　チョロいみたいな言い方しないで！　今までご一緒したのがみんな素敵なアイドルだっただけだから。

——— 炎上を鎮火する、効果的な方法はありますか？
川北　僕らはけっこう運が良くて、『ラヴィット！』で炎上した日の夜に、不思議と『あちこちオードリー』の反省企画の収録が入ってるんです。スタジオに入ると、佐久間（宣行）さんが「『ラヴィット！』観たよ（笑）」って。
ガク　反省している姿をすぐにお見せできているというのはあるかもしれません。

朝のお茶の間を震撼させた「赤ちゃんの目に映るムック」

忘れがちだが、実は朝の生放送

——— 番組にこれから呼ばれる芸人に、「ここに気をつけろ!」というアドバイスはありますか？
川北　（しばらく考えて）あんま気をつけないことですかね。たぶんなにを言っても大丈夫なので。
ガク　川島さんが全部なんとかしてくれるだろうなとは思ってます。
川北　一旦泳がせてくれる。けっこう泳いだなと思ったのに、（全然進んでなくて）ずっと陸にいる場合もありますけど。
ガク　川島さんが追いかけてきてくれないときもある（笑）。

——— ロケのアドバイスは？
ガク　なすなかにしさんを連れて行ったほうがいい。
川北　なすなかさんがいればね。
ガク　なんとかなるんで。

——— 柴田さんも「全部俺のせいにしていいから」と言ってくれているそうですね。
川北　そうですね。でも全然、ロケで飛び蹴りとかはあります。
ガク　「二度と関わらないでくれ」「俺はお前らのことを一度も面白いと思ったことはない」とも言われます（笑）。
川北　諸説あります。
ガク　スタジオはどの曜日も基本ウェルカムな雰囲気です。でも油断はするなよ、実は朝の生放送だぞと。スタジオにいるとそこを失念しがちなので、そこだけ一応押さえておいたほうがいいっていうのは思います。
川北　あと、村上にだけ気をつけろ！

真空ジェシカ Shinku Jessica
川北茂澄、ガクによるお笑いコンビ。番組では初出演から数々の伝説を残している

なすなかにしがいればロケも安心

釣木文恵＝文

スベりきる覚悟を持て

教えてくれた人 **すゑひろがりず**

――― 三島さんといえば、『ゴールデンラヴィット！』での「パンティ玉すだれ」事件（伝統芸能の南京玉すだれとパンティを組み合わせた持ちネタを披露し大スベリした事件）が印象深いです。

三島 爪痕を残したいと思ったら、深い傷になってしまいました。

南條 「パンティ玉すだれ」自体は今までもいろんなところでやってきたんですよ。でもあのときはCM直前で、慌てて三島が口でパンティを迎えにいった感じが気持ち悪すぎた。

三島 CMに入った瞬間、周りから「終わったな」とイジられました。

――― 番組終盤、プレゼントキーワードが託されましたが……。

三島 川島さんに「リベンジや、頼むぞ」とフリップを渡されたんです。僕、本当に迷って。もう一度やるべきなのか、反省の意を示したほうがいいのか。さらば青春の光の森田くんには「やったほうがいいですよ！」と言われましたけど、生放送でもう一度パンティをくわえる勇気が僕にはなかった。そこで「#パンティかたじけない」というワードを出したら、これがめっちゃスベって……。あとから川島さんにも言われました。「いちばんダメだったのはあのキーワードの部分や」と。真の敗因はそこです。

南條 でも、年が明けてもそれをイジってくれたのが『ラヴィット！』の優しさで。

三島 新年一発目のロケは（「パンティ玉すだれ」で披露した）富士山でしたし、アクリルキーホルダーまで作ってもらえました。

答えが見つからない巻物ボケ

――― プレゼントキーワードは難所なんですね。

三島 難しいです。以前出したキーワード「#ホイミじーちゃん」も、その瞬間は大スベリしたんですよ。でも後々までスタジオでイジっていただいたし、いまだに視聴者の方にも言われる。スベりきる覚悟で意味わからんのを出したのがよかったんかな。

南條 結局、中途半端なのがダメなんでしょうね。

三島 現場で失敗だと思っても、逆転することがある。それが『ラヴィット！』の面白さだし、難しさですねえ。

――― 「最新東京見聞録」では、南條さんが巻物を読むパートで試行錯誤していますね。

三島 あれこそスベりきってないな。

南條 最初はちょっとしたボケで巻物を開いて違うことを言ってみたら「毎回やりましょう」となってしまったんです。ロケのたび、これまで僕が言った出来事リストと日本史の教科書がロケバスに用意されますけど、もうなにもないんですよ！

三島 2000年分の出来事、もう使い切った？（笑）

南條 一度、「杉田玄白とダルシムは同一人物」とウソ日本史を試してみたら、ディレクターさんに「ちゃんと本当の出来事にしてください」と言われ……。あのパートに関しては今もなお、正解が見つかっていないままです（笑）。

毎回用意されている日本史の教科書

すゑひろがりず Suehirogarizu
南條庄助、三島達矢によるお笑いコンビ。水曜レギュラーの矢田亜希子は三島の大ファンを公言している。

梅山織愛＝文

死ぬほどスベっても見放されない

教えてくれた人 **マユリカ**

―― 初めて出演が決まったときの心境はいかがでしたか。

中谷 出れるのはめっちゃうれしかったんですけど、番組がデカすぎて恐怖もありました。

阪本 当時はまだ大阪にいたんで、東京の誰でも知ってるような番組で、しかもスタジオって、って感じで。東京の番組はスタッフさんの数とか、なにからなにまで全然違うし。

中谷 お弁当のクオリティとか。

阪本 お前……。

中谷 ……大阪もひどくはないですよ！　ただ東京のほうが豪華やなって。

―― そんな番組への初出演は「放送事故」とおっしゃっていました。

阪本 はい、地獄でした。

中谷 しばらく引きずりましたね。

阪本 はっきり覚えてるんですけど、ラッピーから「こんにゃくの黒い粒の正体はなに？」っていう大喜利を振られて、満を持して「削った虫歯」って言ったんですけど、時空がゆがむくらいスベって。中谷、なんとかいい感じでツッコんでくれ！って思ったんですけど、こいつもほっそい声で「きちゃなー」って言うだけで、どえらい空気になりました。

中谷 今、生放送で全国の人が観てるんだと思ったら体が縛られたように固まってしまって。

阪本 そのあと、川島さんが気を利かせてもう一回振ってくれたんですけど、それでも頭が真っ白になって、僕、体感20秒黙ったんですよ。

中谷 生放送と思えないくらいの間でした。

阪本 ちゃんとヤバかったです。結局、出した答えもボケずに「海苔」だったんで、まわりも愛想笑いで。

中谷 川島さんってスーパーリベロというか、どこに落ちた球でも拾ってくれるような方じゃないですか。でも、あの日はさすがに川島さんでも拾えないくらい、すっごい隅のほうにボールを落としてしまいました。

ツッコミの声量の塩梅が難しい

―― その後も出演は続きましたが、初回を経て、なにか気をつけたことはありますか。

中谷 相方がボケたときは、みんなに聞こえるよう大きくツッコむとかですかね。

阪本 たしかに2回目は大きくツッコんでくれたんですけど、それも痛々しいというか……。

中谷 いい塩梅っていうのは難しいですね。

阪本 あと、変なことを言わない。生放送で突拍子もないことを言うのはよくないなと反省しました。

―― 番組にこれから出演する芸人になにかアドバイスはありますか？

中谷 型を崩さず、いつも通りやることじゃないですかね。ある種、どうなってもいいと思いながらのびのびやるのが大事だと思います。

阪本 僕みたいに一回死ね、ですかね。

中谷 言い方悪いな。

阪本 一回死んでも『ラヴィット！』は絶対見放さないんで。また呼んでくれるはずです。

―― スベったのもいい経験ということでしょうか？

阪本 いいえ。できるなら、あんな思いはせんほうがええです。

中谷 しないにこしたことはないね。でも、結果的には救われてるんで。

マユリカ Mayurika
中谷祐太、阪本匠伍によるお笑いコンビ。阪本は番組でK-POP風メイクをした際、モグライダー・ともしげに「それでいいんだよ、それで！」とアドバイスを受けた

各曜日レギュラーインタビュー

うちのクラスがいちばん面白い！

Hiroyuki Baba / Chinatsu Wakatsuki
Hidetsugu Shibata / Mayuu Yokota / Cookie!

FRIDAY

どんなにくだらない笑いも小さなアクシデントも、教室の中では大事件。月曜日から金曜日まで、それぞれのクラスではどんな事件が起きているのか？どんな会話が生まれているのか？各曜日のレギュラー出演者5人に、番組への愛情と『ラヴィット！』だからこそできることを語ってもらった。

MONDAY
月曜日

稳やかで優しい文化系クラス

Interview

馬場裕之

（ロバート）

恩田栄佑＝文　まくらあさみ＝撮影

穏やかなキャラクターと得意の料理の腕前で、月曜日の生放送をゆる〜く盛り上げるロバート・馬場ちゃん。「『ラヴィット！』は学校そのもの」と語る彼に、月曜『ラヴィット！』独特のあたたかい雰囲気について聞いてみた。

――― 月曜『ラヴィット！』はほかの曜日に比べてゆるい空気で、メンバーのみなさんもリラックスしている印象を受けます。

馬場　そうですね。常識人が多くて、あんまりみんな無茶しないんですよ。だから、僕も年齢的にちょうどいい。ぼる塾も本並(健治)さんもいて、月曜日は優しい人が多いですから。……まあ、丸山（桂里奈）さんはぶっ飛んでますけど（笑）。

――― 馬場さん自身はどんな気持ちで、いつも収録に臨んでいるんですか？

馬場　なんか学校的な感覚でいつも臨んでいます。それも、教科書を読むだけじゃなくて遊びも混ぜてくれるような先生の授業みたいな感じで、いつも気がつけば収録が終わっていますね。

――― 楽しそうですね。

馬場　イジメもないし、怒られることもない。ただただ楽しい学校ですね。川島さんが先生で、クラスメイトも和気あいあいとして。そこに転校生としてラヴィット！ファミリーもいてね。で、誰かが卒業するときはみんな泣いて。たまにゲストとして卒業したメンバーが来ると「転校生が戻ってきた！」と思いますよ。だから、ぜんぜん苦じゃない。収録に用意するものもないし。

――― ほかの番組に比べると準備は少ないんですか？

馬場　料理番組だとレシピを考えなきゃいけないんですけど、そういうのがない。だから、手ぶらで行って流れに任せとけば収録が終わってますね。

――― 収録中に気を張ることもなく。

馬場　なんですかね……けっこう「誰かがやるでしょ」みたいな感じ（笑）。僕はもともと芸人っぽさが薄いし、真っ当なコメントを言えばいいかなって。ただ、笑いを求められたら戦うときもありますよ。でも、メンバー全員が「川島さんがいるから大丈夫」みたいな気持ちはめっちゃあると思う。なにやっても捌いてくれるだろうって。そういう甘えはあるかもしれないですね

――― 本当に川島さんの存在が大きいんですね。

馬場　はい。だから、川島さんがコロナになって、代打で東野（幸治）さんと藤井（隆）さんがMCをした回があったんですけど、そのときはカオスな感じで。川島さんがいないだけでメンバーみんな緊張していて……やっぱりデカいですね。

――― 馬場さんから見て川島さんのすごいところってどんなとこでしょう？

馬場　まったく緊張しないところですかね。MCの人が緊張していると、こっちも緊張するじゃないですか。そういうのがまったくないんです。それは初回放送からそうなんですけど、『ラヴィット！』って通しリハがないんですよ。

――― えっ、初回放送なのにリハがなかったんですか？

馬場　はい。だいたい生放送の番組って通しリハをして、尺をチェックするんですけどそれもやらなかったんです。今でもそうなんですけど、リハするのはゲームコーナーくらい。初回なのになにもしなくて大丈夫なのか

な？って思ったんですけど、川島さんが場を回してきっかり時間通り終わらせて。いや、本当にこんなことができるの、川島さん以外だとタモリさんくらいじゃないですか。

クラス替えはしたくないですね

―― 番組がスタートしてから変わったことってありますか？

馬場　なんだろう……変わっているようで、変わっていないような。でも、スタッフの段取りはめちゃくちゃ早くなってきていますね。オープニングが1時間超えるようになってきてから、予想より尺がオーバーしたときは押した時間に合わせて後半のロケVTRを切っていくんですよ。ほかにもゲームのクイズの設問が減ったりとか。スタッフのいろいろな調整が見えてくるようになりました。ほかの生放送だったら番組が押しそうなときは、スタッフが鬼の形相で「巻け！巻け！」みたいなカンペ出してくるんですけど、それがなく進んでいくんです。

―― じゃあ、番組が押しても馬場さんたちは焦ることもなく。

馬場　ないですね。川島さんとか田村さんとかはちゃんと時間を見てると思うけど、僕らはゲームしてたら夢中になっちゃうんで。だから、純粋に楽しんでいるだけ（笑）。

―― TV越しからもその雰囲気が伝わってきます。あと、ビリビリが本当に痛そうなのも……。

馬場　あれは本当に嫌だと思っているので！　だからこそゲームは真剣にやっています。ほかのバラエティ番組のビリビリって弱いんですけど、『ラヴィット！』は強いんで！　これを回避できたときはめっちゃテンション上がるんですよ。

―― そうなんですね（笑）。

馬場　よく一般の方から「罰ゲームの電流って痛いんですか？」って聞かれるんですけど、「マジで痛いよ！」って心から言えます。これが痛くなかったら、ちょっと答えに躊躇するじゃないですか。でも『ラヴィット！』はマジで痛いんで！　だから、番組ではビリビリを多用してるんですけど、あの出力の加減は発明ですよね。

―― でも、お話を聞いていると本当に収録が楽しそうです。

馬場　楽しいっすね。それに『ラヴィット！』のスタジオにいると、いろいろな情報が入ってくるし、めちゃくちゃ勉強にもなるんです。食べ物とかも前からチェックしていたお店が来てくれたりするし、「なすなかにしのおじさんに教えて！」では流行りもチェックできるし、ぼる塾の食リポも学びが多いですよね。それと、やっぱり川島さんのMC。「こうやってフォローするんだ！」って毎回勉強になります。まあ、いざ自分の番組になっても同じことはできないんですけど（笑）。

―― そうなんですね（笑）。

馬場　だから、朝、普通にニュース番組を観ていたときよりも知れることが多いかもしれないですね。しかも、気持ちがマイナスになる情報は一切ないですから。出演していても良い気をもらっています。

―― なるほど。いま馬場さんにとって『ラヴィット！』ってどんな場所になってますか？

馬場　そうですね、週1で通ってる学校。毎週現場に入るとメンバー同士で1週間あったことを話したりするんですよ。本並さんが「どこ行ったん？」って聞いてくるので、「青森行ってました」みたいなやりとりをして。そうやって1週間の出来事を報告できる人ってこの仕事をしているとあんまりいないんですよね。だから、そういう場でもあります。丸山さんも休んでいる間に「観てるよ」って連絡をくれたり。みんなも学校って思っているくらいで、本当に仲良いんですよ。だから週1はみんなと会いたいですね。何回かコロナなどで番組に出られなかったこともあったけど、そのときはちょっと寂しかったです。

――― ちなみにほかの曜日も観たりしますか?
馬場　柴田（英嗣）さんが出ている水曜日と、くっきー！さんの金曜日はよく見ていますよ。あのクラスじゃなくてよかったと思っています（笑）。こっちは文化系だけど、ほかは体育会系じゃないですか。最初からいたら馴染めるでしょうけど、月曜日にずっといるんでクラス替えはしたくないですね……。

――― 今後、番組で挑戦したいことはありますか?
馬場　挑戦したいことはないっすね。本並さんも歌を特訓して本当に上手になったり、美少年の（岩﨑）大昇くんもピアノを特訓して弾き語り披露したり、クオリティが高いんで僕にはできないです。スタッフからも聞かれるんですけど、頑なに断り続けています。

――― なるほど(笑)。
馬場　でもやってみたいことは、川島さんも含めた月曜メンバーでのロケですね。……だけど、それを月曜日のスタジオでみんなで観ているってどんな状況なんだろう？　自分たちの映画の鑑賞会みたいで、それも新しいかもしれないですね。

馬場裕之 Hiroyuki Baba
お笑いトリオ・ロバートのボケ担当。料理系YouTube『馬場ごはん〈ロバート〉Baba's Kitchen』は登録者数112万人を誇る人気チャンネルで、番組でもたびたび料理の腕前を披露している

馬場裕之が選ぶ 月曜日のハイライト!

1 さようなら、このちゃん
(2021/9/20)

「3カ月一緒にいたラヴィット!ファミリーの日向坂46・松田好花さんの卒業回。最初に丸山さんが泣き出したんですけど、それを見てもらい泣きしそうになって、必死に違うことを考えてました」

2 田辺さん、激アツ演出
(2022/2/28)

「川島さんが『ラヴィット!』って言うタイミングで田辺さんが前を横切ったシーンは忘れられません。川島さんのツッコミがめっちゃ的確で速かったですね……。本当に毎回勉強になります」

3 湘南乃風の生ライブ!
(2023/5/15)

「生まれて初めて生でライブを観て、必死にタオルを回しました。スタジオのパーテーションも外れたタイミングだったので、開放感もあってすごく楽しめましたね」

TUESDAY

火曜日

ゲームもケンカも、いつでも本気！

Interview

若槻千夏

釣木文恵＝文　前田立＝撮影

『ラヴィット！』を牽引する火曜日メンバーの盛り上げ役、若槻千夏。「バラエティの女王」と呼ばれることもある彼女は、この朝の生放送にどう取り組んでいるのか。幾多のバラエティを経験してきた若槻が、火曜日の教室の中でだけ見せる顔とは。

――― 火曜日を代表して若槻さんにお話を伺いたく。
若槻　私だけですか？

――― 火曜日は、そうです。
若槻　わ、すごい緊張する。ちゃんと伝えなきゃ。

――― よろしくお願いします。若槻さんから見て、火曜『ラヴィット！』の特徴はどんなところにあると思いますか？
若槻　全体的に、勢いとノリだけで乗り切ろうとしてるメンバーが多いかな（笑）。でも、楽しいですよ。受け入れ力があるというか、役者さんとか大御所の方とか、どんなゲストの方が来てもいい意味でまったく緊張感がなくて、普段どおりで。

――― そんななかで、若槻さんが番組を盛り上げるために意識していることはなにかありますか？
若槻　明るめの服を着ること。ほかのバラエティ番組では全部自分でスタイリングしてるんですけど、『ラヴィット！』だけはスタイリストさんをつけてるんです。毎週明るい、朝っぽい雰囲気を出したくて。……しょうもない裏話ですね（笑）。

――― いえいえ、ほかの方からは出てこないエピソードだと思います。
若槻　もうひとつ、しょうもない裏話といったら、水曜レギュラーのアンタッチャブル柴田（英嗣）さんはブランケットをひざにかけてます。寒がりなんで、彼。

――― （笑）。それは、柴田さんと話されたんですか？
若槻　私、柴田さんと同じ位置に座ってるんですよ。あの席、クレーンカメラで左側が映りやすいんです。水曜に『ラヴィット！』を観ていたら、チェックのブランケットみたいなものが見えて。その翌日に柴田さんに会ったので「もしかして、ひざにブランケットかけてる？」って聞いたら「なんでわかったの？」って。たしかに、とくに冬になると入口に近いあの席は風が強くてけっこう寒いんですよね。だから柴田さんと私はブランケット仲間です。

忘れられた「ママタレ」

――― 『ラヴィット！』だからできることはなんだと思いますか？
若槻　あんなにもビリビリ椅子が多い番組ってないですよね。あれ、本当に痛くて。普通、ほかの番組ではちゃんとリアクションしやすいくらいの痛さなんですよ。でもね、『ラヴィット！』のはホントに痛い！　めちゃくちゃ痛い！

――― そんなにも……。
若槻　一度、椅子の上に敷いてある布をめくって仕組みを確認してみたことがあるんですよ。そしたら、電気通るとき本当にマンガみたいな電流が見えたんですよ!?　だからみんなあれが怖くて「なにがなんでもゲームに勝つ！」って本気スイッチが入るようになっちゃってる。ゲームに勝ったら商品がもらえますとか、コレが食べられますとかじゃなくて、ただビリビリ椅子に座りたくないほうが強い。

――― 恐怖から本気に。
若槻　でもね、私『ラヴィット！』だと、なんでもけっこう本気になっちゃうところはあるかもしれない。ほかのバラエティ番組でゲームをやる場合、「ここはバランスをとって負けよう」とか考えることがあるんですよ。でも、『ラヴィット！』はそういうのがない。空気を読むとか一切なくて、マジで勝ちたい。そこは、ほかの番組とは違う感じはしますね。

——— 番組が2周年を迎えたとき、『ラヴィット!』初回のワイプがうるさかったと娘さんに指摘されて、2年かけて調整したというエピソードを明かされていましたね。

若槻 最初の打ち合わせのときに、スタッフさんから「VTRのナレーションが少なめなので、たくさん声を入れてください」と言われていたんですよ。だからみんなで過剰にリアクションしたんです。でも新番組だし、生放送だし、度合いがわからなくて。パスタが出たら「パスタだよ！」とか、見ればわかることを言ったりしてた（笑）。それを観た娘が、冷静に「なんかワイプがうるさくて嫌だった」と。視聴者にもそう感じた方がいたみたいだったので、大木さんに「ウチら、うるさいって」と報告して、だんだん調整していきました。今は自然に、自分がしたいところで本当の反応をしている感じです。

——— やはり火曜日は大木さんと若槻さんがリーダーシップをとっているんでしょうか？

若槻 いや、私自身には「火曜日を引っ張っていこう！」という意識はまったくないです。ただ、ギネス世界記録の挑戦とかのとき、私ってついしゃしゃっちゃうじゃないですか（笑）。急に仕切るから、いつの間にかベテランとかリーダーという感じになっちゃった。でも全然なんですよ。ただただ、ゲームに勝ちたくなるし、ギネス世界記録更新を成功させたくなるというだけで。

——— ギネス世界記録に挑戦するときの火曜メンバーの一体感はすごいですよね。

若槻 そう、本気なんですよ。だからケンカも本気。ミキの昴生さんって、よく番組で怒ってるじゃないですか。あれ、CM中もずっとあんな感じなんです。昴生さんだけじゃなくて、私含め、みんなも怒ってる。全員で汚い言葉をぶつけあったりして、大人とは思えないケンカをすることもある（笑）。で、CM明けたら仲直りして頑張る。そうまでして本気でゲームをやってるし、本気でギネスに挑んでる。ほんと、クラスメイトみたいなんですよ。

——— 『ラヴィット!』の初回といえば、若槻さんは「やっとママタレントの仕事が来ました」とあいさつされていましたよね。

若槻 忘れてました、そうだった！ だって番組がはじまる前、「靴を洗うときの洗剤はなにを使ってますか」「上履きをきれいにするコツは？」「時短料理のレシピありますか」とかすごく聞かれましたもん。でも今はなにも聞かれない。もはや料理といえば舘様（Snow Man宮舘涼太）になってるし……。この取材をきっかけに初心を取り戻して、来週からはもうちょっとママタレを意識してみようと思います（笑）。

家族全員でアンケート対応

——— 火曜日の放送が終わると、若槻さんは『ラヴィット!』のためにリサーチやロケハンに行っているそうですね。

若槻 時間があれば行ってます。周りのスタッフさん全員に言ってますよ、「おいしいところがあったら教えて、『ラヴィット！』のことを頭の片隅に入れといて」って。

——— 『ラヴィット!』のためにそこまでしているとは。

若槻 よく出る人たちはみんなしてると思い

ますよ。「今日は○○にちなんで」とは言ってますけど、要はオススメを1年じゅう聞かれているわけですから。特に火曜日は誰がなにを言うか、なんとなくわかるんですよ。芸人さんが多いから、「この人が面白いです」とパフォーマーが2組くらい出たとしたら、私はやっぱり食べ物がいいのかな、と思って食べ物中心にチェックをしている感じですね。

―― 全体のバランスを考えて。

若槻　「『ラヴィット！』のアンケート」が口癖になりすぎて、最近はおいしそうなものを買うときに子どもまで「こっちのほうが『ラヴィット！』のアンケートに書けそうじゃない？」と言うようになってきて（笑）。もう家族全員、土日はアンケートですよ。旅行なんかでも「今週末、こっちとこっち、どこ行く？」とかいうときは「こっちのほうがアンケートに書けそう」って選びますからね。

―― プライベートが『ラヴィット!』のアンケートに侵食されている……。

若槻　でも本当に食べたことがあるもの、行ったことがあるところのほうが、オススメするときに自分自身がしゃべりやすいので。

―― 今後、『ラヴィット!』でやってみたいことはありますか？

若槻　なんでもできるなと思いますね。じゃあ、『NHK紅白歌合戦』に行きますか！　番組全員で。みんなで他局にも行けそうな気がします、この勢いなら。

若槻千夏 Chinatsu Wakatsuki

モデル、タレント。自身のオリジナルブランド「WCJ」のデザインとプロデュースを担当するなど、実業家としても活躍中。持ち前の負けず嫌いぶりでゲームを盛り上げている

若槻千夏が選ぶ 火曜日のハイライト！

1 白熱のギネス世界記録更新
(2022/6/7)

「『新聞紙で人を包む最速の時間』を競うギネス世界記録に挑戦したんですけど、川島さんの反則などを経て3回目でやっと記録更新！　本気で挑戦してましたから、めちゃくちゃうれしかったですね」

2 大木劇団で感じる演劇の楽しさ
(2022/8/30)

「火曜名物ですよね。当日は入り時間も早くなるし、リハーサルも長いし、監督は厳しい。でも選ばれたらうれしいし、ゲストに女優さんが入ると、生の演劇の楽しさを感じます（笑）」

3 火曜恒例、大縄跳び
(2022/11/1)

「火曜のオープニングは繰り返し行われるイベントが多いんですけど、大縄跳びもけっこうやっていますよね。すごくつらいのに、油断すると大木さんが提案してやるはめになるんですよ」

WEDESDAY

水曜日

俺たちの青春を
思い出させてくれる場所

Interview

柴田英嗣（アンタッチャブル）

お笑い色の濃い水曜レギュラーの中で、時にプレイヤーとして全力で楽しみ、時にツッコミを入れる側にも回る柴田英嗣。番組を俯瞰して見ていると思いきや、本人いわく「ただ番組の流れに身を任せているだけ」とのこと。「逆バズーカ事件」も記憶に新しいしばびでが語る、水曜『ラヴィット!』の特異性とは。

——柴田さんが『ラヴィット!』に出演されるときに意識していることはなにかありますか?

柴田　なーんにも意識してない。

——そうなんですか。

柴田　ほんっとに『ラヴィット!』はね、逆らわないほうがいい。スタッフさんが思い描いて、川島くんと一緒に作ってきた川の流れに流されているのがいちばん気持ちいいの。そういう番組って、あんまりほかにないんですよね。たいていの番組では、台本を読みながら「こういう企画だったらこう動かなきゃいけないな」とか「ここはこうしていくのかな」とかって考えるわけですよ。でも、『ラヴィット!』ではもう台本も本当にチラッと見るくらい。どんなことが起こるのか、どんなものが出てくるのかを楽しみにしてる。

——事前に準備することなく、自然体で臨まれている。

柴田　そう。「あの人が紹介してくれたこの料理、本当においしそうだな〜」とか「このゲーム、本当に面白いな〜」とか。なにも知らないでいるほうが楽しいんですよ。そもそもここのスタッフさん、本当に隠してくるしね(笑)。

——若手のみなさんが頑張って前に行こうとしているなか、柴田さんはそれを促したり支えたりしつつ、時にツッコミも入れて、全体を見て動いているという印象がありました。

柴田　全っ然ですよ。もしそう見えているんだとしたら、流されてぷかぷか浮かんでいるだけだから、周りがよく見えているってことかもしれないね。集中して川の流れだけ見てるわけじゃないから。心地いいんですよ、朝からスタッフさんが流した水に体を委ねて、川島くんのご機嫌なサウンドに乗せられて流されるのは。本当に、家でまだ寝てるくらいリラックスした気持ちでやってるから。そんなの、普通はダメなんだけどね(笑)。

——ただ、そんなふうにリラックスして番組に臨むようになったのは、最初からではないですよね?

柴田　もちろんそうですね。最初はもっと力んでたと思う。毎週のスタジオの展開とか、周りからの声とかを受けて、僕だけじゃなくて、水曜日というユニットごと、だんだんそうなっていったんだと思いますよ。今はもう、僕は出演者というよりも視聴者代表の気持ちで座っています。

スベリ誘発バラエティ

——生放送という気負いはありませんか?

柴田　そんな気負い、誰も持ってないんじゃないですか。そういうのがない唯一の生放送なんじゃない?

——唯一の。

柴田　だってさ、朝の8時20分からお笑い芸人さんが本気のネタやるような番組、あんまりないじゃないですか。だいたいそこにニーズがあるかどうかもわかんないし。でも、そういうのを気にせず「『ラヴィット!』ってのはこういう番組なんですよ、乗っかりたい人はぜひ楽しんでくださいね」ってスタンスでやってるから。だから我々にも緊張感がない(笑)。この番組って、出演者全員の「今、自分が楽しくありたい」という気持ちの集合体

釣木文恵=文　まくらあさみ=撮影

みたいなものだと思うんですよ。

――― なるほど。

柴田　そんなふうだから、オープニングではたいがいみんなスベるし、僕もガッツポーズして帰ったことなんてないし。毎回「ここがダメだったなあ」とか思いながら、オープニングが終わったあとの1時間くらいを迎えてる。それが当たり前の番組。

――― では、毎週反省の気持ちを抱えられているということですか？

柴田　この場合の「ダメだったな」は、ヘコむというよりは「もっと楽しめたな」っていう反省なんです。やっぱり自分が楽しめる番組にしたいというのがいちばん。それを観て、視聴者のみなさんにも楽しんでもらえればいい。そういう感じで俺はやってます。

――― ふつう「スベったな」と思ったら「次はもっと気合いを入れて」と考えそうですが、そういうことではない？

柴田　じゃないんですね。さっきも言ったけど、気負ったらダメなの。支度していくと、川島くんはすぐ気づくし、自分自身もちょっと気持ち悪いんだよね。スタッフさんが作ってくれるVTRも、もしかしたらウケてるところよりもスベってるところのほうが使われてるんじゃない？　追い込んで追い込んで、スベらせる。

――― そう言われてみれば、みなさんがなにかを取り返そうと必死な姿はよく観るかもしれません。柴田さんの目から見てそこまでスベっている状態であっても、私たち視聴者は毎日『ラヴィット！』を楽しんでいますが……。

柴田　スベってるときって、芸人はめちゃくちゃ汗かいてますからね。その姿を「こいつがこんなにスベってるんだから頑張ろう」と思いながら観てくれる人がいるんじゃないかな。人がスベってるところを観て、１日の活力にしたいという時代が来てるのかもしれない。

――― ウケているところではなく（笑）。

柴田　みなさんも夜、自分が満足する仕事ができたタイミングだったらウケている姿を観て「ああ、こいつらも頑張ってるな」と思えるかもしれない。でも、朝っぱらからウケているところばかり観るのは、ちょっと疲れるでしょ。朝はやっぱりスベってる姿を観てもらって、「こいつらも大変だな、自分も頑張ろう」となってくれてるんじゃないかと。だから視聴者の方に毎朝「こいつに比べたら俺は大丈夫だな。よし頑張ろう」と思ってもらえたらいい。『ラヴィット！』は、“スベり誘発バラエティ”ですから。

――― 水曜日のスタジオの雰囲気はどんな感じですか？

柴田　見取り図の盛山がうるさい（笑）。CM中とかもずっとしゃべってるし、CMにもツッコんでるし。

――― （笑）。ほかの曜日と比較して、水曜『ラヴィット！』の特徴はどこにあると思いますか？

柴田　やっぱり、矢田亜希子さんがいるのが大きいんじゃないですか。大人の女性が入っていることで、芸人がふざけすぎちゃうところをキュッと抑えてくれる。みんなでロケに行ったときも、矢田さんが現場を離れた瞬間からわんぱくの度合いが行きすぎた感じになっちゃいましたから（笑）。矢田さんは最終的な手綱ですよ。もしも彼女がキレちゃうことがあったら、それが水曜日の最期だと思いますね。

――― 矢田さんが水曜日のキーパーソン。

柴田　矢田さんは水曜日の良心ですよね。水曜日ってやっていることが幅広いというか、けっこう攻めている部分もあると思うんですよ。でも、俺たち芸人がどんなにスパイスで辛くしても、矢田さんがラッシーのようにきれいに流してくれて、マイルドになる。水曜日は、インド料理みたいな曜日です（笑）。

―― 最後に、ほかの番組でなく『ラヴィット!』だからできることはなんだと思いますか？

柴田　うーん、逆に『ラヴィット！』って、できないことがないかも。だって、よその番組の企画も平気でやりますからね。「往年のこの番組のこれ、やりたい」と言ったらそれが叶う。ドリフのコントとかまでやらせてくれるんだよ？ これは相当チャレンジングだし、スタッフさんは許可とか準備とか大変だと思いますよ。でも、おかげで『ラヴィット！』は俺たちの青春を思い出させてくれる番組にもなってるじゃないですか。「あのころのあれをもう一度」ってさ。ほんとにありがたいですよ。

―― オープニングでのみなさんのリクエスト自体、どんどん壮大になっている気がしますね。

柴田　番組アンケートってさ、普通だったら実現が可能そうなことを想定して書くんですよ。できそうもないことを書くと二度手間になっちゃうからね。でももう『ラヴィット！』は関係ない。毎週のことだから思いつくのが大変というのもあって、僕もだんだん好き勝手なことを言いはじめちゃってるんですよ。本当の夢を書いたりしてる。だってこのスタッフさんは、たいていのことを現実にしてくれるから。まじでリスペクトしてます。『ラヴィット！』は夢を叶えてくれる場所です。

柴田英嗣 Hidetsugu Shibata

お笑いコンビ・アンタッチャブルのツッコミ担当。2022年10月12日の放送で、『ラヴィット!』ポーズのツーショットとともに結婚を報告。

柴田英嗣が選ぶ 水曜日のハイライト!

1 水ダウの刺客、あのちゃんの衝撃
（2021/10/13）

「『水曜日のダウンタウン』の“説”であのちゃんが登場したのは忘れられないですね。大喜利が強すぎて勝てないし、もうこの子をこれ以上しゃべらせたら危ないぞ、って焦りました。あれは面白かったなあ」

2 代打MC、真空ジェシカ襲来
（2022/2/22）

「休みの川島くんの代打でMCをやった回です。すごく緊張して、川島くんの真似は無理だから俺の色で……と思っていたら真空ジェシカの色に塗り替えられちゃった。あの日は制御が大変だったなあ」

3 年明けも続く「三島パンティ事件」
（2022/12/28）

「『ゴールデンラヴィット!』でのパンティ事件が年明けもグッズ化したり、キーワードでイジられ続けたり……。でも、あれが『ラヴィット!』の真骨頂。楽しませたいだけなんです、怒らないでくださいね!っていう」

THURSDAY

木曜日

本当に素のままで、心から思ったことを言える

Interview

横田真悠

最初はシーズンレギュラーとして出演し、2021年7月に一度は番組を卒業。しかしそのわずか3カ月後に木曜レギュラーに抜擢され、その自然体で飾らないキャラクターで『ラヴィット!』に欠かせない存在となった。出演者の誰からも愛される横田真悠に、特に騒がしい木曜の教室への想いを聞いた。

――― 木曜『ラヴィット!』への出演が決まったときは、どのような心境でしたか?

横田　「他局で出ていたバラエティを観て」とお話をいただいたんです。朝の帯番組の出演は経験がなかったので、大丈夫かな？と不安はありました。でもシーズンレギュラーという期間限定でのお話だったので「頑張ってみよう！」と挑戦しました。

――― シーズンレギュラーを経て、レギュラーになったときはどう思われました?

横田　すごくうれしかったですし、もっと頑張らなきゃなと思いました。川島さんのすごいところだなと思うのが、本当にみんなを素でいさせてくれるんです。私がなにをしでかしたとしても、ちゃんと回収してもらえる安心感があるから、あまり考えすぎずにスタジオで過ごせているんです。

――― たとえば、どんなことを“しでかした”のでしょう?

横田　「カンペカンニング事件」って言われているんですが、初回の出演でクイズに答えるときに、ヒントが3つ書いてあるカンペが見えたんです。ひとつずつヒントが出ることをわかっていなくて、すぐに正解してしまったら、みんなから「なんでわかったの?」と驚かれて。「あそこのカンペを見て……」と言ったら、川島さんが「あれは俺が読むカンペだから！」ってツッコんで笑いにしていただきました。あれ以降、私から見えない位置にカンペが出てくるようになりましたね（笑）。

――― 横田さんが感じる木曜日の特色は?

横田　ほかの曜日に比べて、俳優さんのゲストが少なく、芸人さんがたくさん来てくださるので、毎週毎週、本当に楽しいです。ニューヨークさんが後輩芸人さんを紹介したり、NON STYLE石田さんが芸人さんのネタの審査をしたり。お笑い色が強い曜日かなと思ってます。

――― ギャル曽根さんを筆頭に、横田さんと田村アナが、ゲストの女性アイドルを「かわいい～」と迎え入れている平和な空気も感じます。

横田　めちゃくちゃあります！　ギャル曽根さんが「かわいい！　かわいい！」ってずっと言ってます（笑）。私もかわいい子が大好きなので、櫻坂46の方がスタジオで生ライブを披露してくださったときに、かわいすぎて泣きそうになりました。

――― ツイートもされていましたね。

横田　こんなにかわいい子が存在していることがもうすごいなって。ギャル曽根さんとは、かわいい女の子に対してほぼ同じ気持ちだと思います。

プライベートでも田村アナと仲良し

――― 横田さんから見たレギュラーメンバーとは?

横田　ギャル曽根さんはムードメーカー。特にCM中、いろんな話をしてくれて、一瞬でスタジオがお茶の間の空気に変わるのがすごいなと思います。私にとってはお姉さん的な存在です。石田さんは、助けてくれる方。私がイジられてちょっと経ってから「あれ（イジられた件）やりなよ」と、口パクで指示を出してくれて、その通りにやるとちゃんとウケるんです。

――― すごい！

横田　私は自分のことだけで精一杯なので、周りの人のことも助けてくれるのってすごいな、プロだなと思います。ニューヨークのおふたりは、木曜レギュラーの中でいちばん話しやすい気がします。レギュラーで座る位置がいちばん近いということもあって、私が小声で言ったことでも笑ってくれるし、後ろを振り向くとリアクションしてくれて、この3人だけで楽しんでる時間も結構ある感じです。

――― なるほど。田村真子アナとはプライベートでも仲良しとお聞きしました。

横田　一緒にライブに行ったり、プライベートでも仲良くしてくださってます。いつもスタジオで「この服かわいいね」とか声をかけてくれる、優しいお姉さんです。田村さんは、ゲームのときとかめっちゃ面白いですよね。自然体な感じが素敵だなって思います。

スタッフのみなさんが
愛をもって接してくれる

――― 横田さんにとって『ラヴィット！』だからできることというと？

横田　趣味のダンスを披露したり、自分のパーソナルな部分を見せる機会が多い気がします。本当に素のままでいられて、心から思ったことを言える場所です。

――― 『ラヴィット！』の本番に臨む気持ちに変化はありますか？

横田　イジってもらえるようになってからは、あまり緊張しなくなった気がします。

――― 「失敗してもいいや！」というマインドでしょうか。

横田　川島さんの安心感のおかげで緊張は和らいでます。お父さんの頼もしい感じとお母さんの優しく包み込んでくれるところが混ざり合っていて。よくないことかもしれないですけど、川島さんの前では家族といるような感覚になってしまって。 でも、両親はそんな私の姿を観て、回を重ねるごとにヒヤヒヤしているみたいです。娘が生放送で変なことを言うんじゃないかって(笑)。

――― 親御さんから観ても、横田さんの素が出ているということですね（笑）。この番組に出てから、ご自分に変化は感じますか？

横田　もともと人見知りなんですけど、ちょっとなくなったかなって思います。あと、一週間の中で木曜の『ラヴィット！』があると精神的にいい状態になる気がします。

――― 横田さんの一週間の中で、大切な場所になっている。

横田　はい。2時間があっという間なんですよ。毎回、心から楽しめてるんだなって実感します。

――― スタッフさんから求められることに、変化はありますか？

横田　毎週、これで大丈夫かな、と不安になったりするんですけど、本当に愛をもって接してくださるので、逆にこのままでもいいのかなと思っています。

――― どんなときに愛を感じますか？

横田　去年、誕生日を番組でお祝いしてくれたときもそうですし、絶対みんな疲れてるのに、イベントのときには楽屋を飾りつけて盛り上げてくださるんです。毎朝「今日もかわいい！」って言ってくれるのも、愛を感じます。あと、スタッフのみなさんが仲良しで、ゲームの後の鬼撤収のチームプレーも、番組への愛を感じます。

———「カオスだな……!」と感じたことは?

横田　毎週カオスですよね(笑)。みんな、というか特に私とギャル曽根さんが、ビリビリをやりたくないからガチになっちゃって、ゲームとして成立していないときはカオスだなって思います(笑)。

——— 不正といえば横田さんとギャル曽根さんですよね(笑)。ギャル曽根さんは、試食が絡んだときもガチですよね。

横田　お肉がかかると大人げなく勝たれます(笑)。

——— それがギャル曽根さんの役割でもあると思うのですが、横田さんは番組においての自分の役目や強みを考えますか?

横田　それがないので、今も「大丈夫かな……」と不安です。初期のようなミスはもうしないですし。だから、自分にとっては弱みですけど、ゲームに勝てないところしか(自分の強みは)ないかもしれないです。

——— この番組で挑戦したいこと、これからも続けたいことを教えてください。

横田　自分の強みみたいなところを見つけたいです。あと、私、ジャンケンが強いんですけど、ジャンケンマンには1回も勝てていないので、いつかは勝ちたいです。

——— 今『ラヴィット!』で目指していることはなんですか?

横田　番組に貢献できるように精一杯頑張りたいし、木曜日の中で自分にできることというか「真悠ちゃんって、これがいいよねえ」と言ってもらえるようになりたいです。

横田真悠 Mayuu Yokota

モデル、俳優。『non-no』専属モデル。番組初期に白いブーツを履いていたところ「ベジータ足!」と全員からイジられた

横田真悠が選ぶ 木曜日のハイライト!

1 ギャル曽根vs嶋佐の大食い対決
(2021/9/30)

「ギャル曽根さんが絶対に勝つのに、無謀な挑戦をした嶋佐さんが面白かったです。ギャル曽根さんは試食の時間が終わってもVTRを観ながら食べていて、それがワイプに流れてて。木曜日ならではだなと思います」

2 嶋佐のOasis熱唱に涙
(2022/6/30)

「歌を聴きながら、みなさんが私の誕生日に、私が喜ぶことを考えてくれた時間がすごく素敵だなと思って、感極まって泣いてしまいました。『ラヴィット!』って本当に最高だな!と思った出来事です」

3 NON STYLE石田のスリルタワー
(2022/8/4)

「石田さんがよく『俺だけ試食してない』『ゲームに参加してない』と言われるんですけど、ご自身が持ってきた、何度も遊んだはずのスリルタワーで失敗してました(笑)。本番で決まらないところがとてもかわいらしいです」

FRIDAY

金曜日

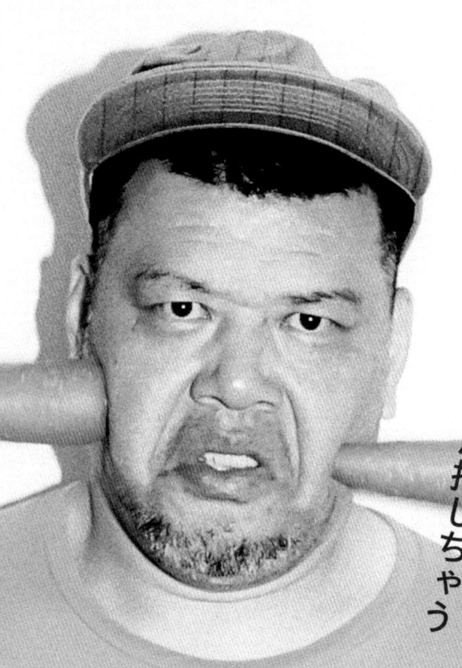

好き放題やってるから楽しくなってどんどん押しちゃう

Interview

くっきー！

（野性爆弾）

川島をもってして「最も信頼している」と言わしめる男・くっきー!。1週間の中でも夜間学校のような雰囲気が漂う金曜日の教室で、番長のように佇むくっきー!はなにを考えているのか。金曜の朝をかき回す彼にその真意を訊ねた。

――― くっきー!さんから見て、金曜『ラヴィット!』にはどんな特色がありますか?

くっきー!　ほかの曜日を見てないんでよくわかってないんですけど、けっこう持ち場がしっかりしてるかもしんないですね。中心の軸は、隔週レギュラーのEXITと宮下草薙じゃないですか？　近藤千尋さんが飯を紹介して、それにジャングルポケット太田が嫉妬して。東京ホテイソンは端に佇んでたまにしゃべる、みたいな。たけるは遠くのほうからずっとツッコんで、ショーゴは振られなしゃべらない。

――― そんなフォーメーションのなかで、開始当初から毎週欠かさず出演されているくっきー!さんは、川島さんにとって頼もしい裏のまとめ役的ポジションだと思うのですが。

くっきー!　いやいやそんな、まとめてはいないですけどね。でもまあ寺で言うところの大日如来的な存在ですかね。優しく見守る、神々しき者。

――― 初期は田村真子アナにあれこれちょっかいを出していましたが。

くっきー!　やっぱ好かれたいじゃないですか。モテたかったんです。ほんであの、僕も一生懸命アプローチしたんですけど「あ、僕ってタイプじゃないねんな、真子ちゃんの」とどっかで気づいて。僕けっこうスパッと切り替えるタイプなんで「あ、駄目なんだ」ってなったところでアプローチをやめました。ここらへんから近藤さんあたり、いってみようかなと。

――― 太田さんとの関係悪化が心配です。

くっきー!　バチバチになるんじゃないですか？　でも僕、太田の先輩なんでね。そこはやっぱり有無を言わせないといいますか。

――― くっきー!さんが『ラヴィット!』に出るときに意識していることはありますか?

くっきー!　生放送やから、言うたらあかんなっていうもんはきちっとしてますけど、あとはほんまにフリーな感じですけどね。意外とほかのバラエティー番組と同じ感覚で出てます。

――― 夜のバラエティとの違いみたいなものは感じない?

くっきー!　基本的に感じないですね。僕、夜中に寝るタイプなんで『ラヴィット！』が朝番組っていう感覚もないんです。まだ夜中の続き、みたいな。ちょっと昼寝してからTBSに来てるぐらいの感じで『ラヴィット！』が終わったら次の日。だから、世の中的には金曜日の朝なんですけど、僕は木曜日の夜中の感覚でやってて。木曜日の続き。時差いただいて得してる感じです。

川島の脳にはマイクロチップが5枚

――― くっきー!さんに、川島さんを助けよう、という意識はありますか?

くっきー!　いや、助けようなんてことはまったくないですね。どっちかと言うと僕が助けられてますんで。僕がマニアックなこと言うてもあいつが全部、カポッと対応してくれるんで。だから気兼ねなく好きなことを言えるっていうか。ガンダム的なこととか、『キン肉マン』とか『北斗の拳』とか、全部拾ってくれるんで。

――― 川島さんの対応で一番「すごいな!」と思ったことは?

くっきー!　『いじわるばあさん』っていう、昔、

須永貴子=文　上村 窓=撮影

僕がガキのころに観てた、青島幸男さんのドラマがあって。それの歌を歌ったら、あいつがハモりだしたんですよ。驚愕でしたね。世代的にはちょっとズレてるんすよ。そんなめっちゃズレてるわけじゃないけど、僕はだいぶ年上なんで、「こいつすごいな！」と。たぶんあいつ、脳みそないと思うんですよ。マイクロチップが5枚ぐらい入ってると思います。

――『ラヴィット!』で川島さんのすごさに気づかされた。

くっきー！　いやでもね、昔からやっぱすごい脳みそやなと思ってたんすけど、より明確になったというか。あと、（返しが）速いっすね。普通の人が「トン、トン」やったら「トントンッ！」くらいなんで。ほんまに速えんすよ。

――朝の帯番組ラストの金曜日というところで川島さんの疲労を感じることはありますか？

くっきー！　ありますね。あんまり表立っては見せてないですけど、CM中にこっそり、下から生レバーを渡してあげてます。

――鉄分を。くっきー!さんにとって、『ラヴィット!』だからできること、『ラヴィット!』ならではのやりがいはありますか？

くっきー！　深夜番組と同じボケを朝にやってるという痛快感はありますね。観てる層が全然違うじゃないすか。でもそれを良しとしてくれる番組なので、やっぱりうれしいですね。

明、天一でランチしよな

――この番組に出演してから、世間からの反応に変化はありますか？

くっきー！　変わったんじゃないすかね？（SNSの）コメントとか見ぃひんタイプなんであれなんすけど、やっぱ顔をさすというか、声かけられるようになりましたね。

――くっきー!さんの冠コーナー「くっきー!パパの公園へ行こう!」には、どのような意識で臨まれていますか？

くっきー！　純粋に楽しんでますよ。キャッキャ言うて。ただ桁違いに疲れます。拘束時間がババほど長いんすよ。朝からギリまで。1回スケジュールがキチキチすぎて、帰りの電車に間に合わへんようなって、ケツのロケを早回ししたことがあります。ほんでボケたら（スタッフから）「ボケんとってください！」って言われて。それぐらいもうミッチミチなんで。イカ飯ぐらいミッチミチ。キッチキチ。

――それはロケのスケジュールの組み方に問題があるのでしょうか？

くっきー！　いや、楽しすぎてみんな好き放題やっちゃうから、徐々に徐々に押していくって感じですね。

――ロケメンバーでは伊原六花さんや国本梨紗さんたちが一生懸命で、「頑張れ!」と応援してしまいます。

くっきー！　おおお〜。ならよかったですね。僕も（ゲストとして）来ていただいてる方の好感度が上がったらいいなと思いながら常々やってますんで、そう思ってもらえているなら良かったです。人のためにね！　僕もう常に人のためだけに仕事してますから！　人のことしか考えてないので！

――芸人さんに対しても？

くっきー！　そうそうそうそう。ライスが1回来て、あとはきつねが多いですけど、彼らも突出した異次元ボケするタイプなんで。知らんジャンルのことやってくるんで。でも楽しみつつ、ツッコんで、彼らにとっていいように回ればいいなとは思いながらやってますよ。人のためにやってます。ええ。

――― ロケを回すときに心がけていることは？

くっきー！　僕はどちらかというと遊牧系ですかね。仕切る側なんすけど、「好きなようにやりな」と解放してあげる。

――― 羊飼いのように？

くっきー！　羊飼いというよりもどっちかいうと草原？　僕の中で走り回りなよーって。

――― ではくっきー!さんにとって、金曜『ラヴィット!』という番組はどんな場所ですか？

くっきー！　道場……いや、土俵ですね。すごく神聖なものに感じてます。靴こそ履いてますけれども、気持ちは裸足で入らせてもらってるというか。

――― 神聖な番組に導くことができて良かったなと思う人は？

くっきー！　最近だとハブサービス（歩子）じゃないすか？　大山英雄はミスったなと思いました。ピクリともハマらず帰っていったので。

――― 最後に、金曜『ラヴィット!』を一緒に頑張っている川島さんにメッセージを。

くっきー！　あっちは毎朝やってるもんですから、なかなか飲みに行くっていうのもできないので、お昼行きたいね。やっぱ天一（天下一品）だね。明とは結局、天一の話になるんですよ。誰かがラーメンを紹介したら、天一行きたくなる。うどんを見ても、麺を見たらもう天一の話になる。最近はいよいよ髪のきれいな女性、靴紐、細くて背の高い人を見ても「やっぱ天一やな！」ってなってるんで。明、天一でランチしよな。

くっきー！ Cookie!

お笑いコンビ・野性爆弾のボケ担当。番組初期は田村真子アナウンサーにさまざまなちょっかいをかけていたが、最近は影を潜めている。

くっきー!が選ぶ 金曜日のハイライト!

1 アイリッシュ・ウルフハンドのふさふさの毛（2022/4/8）

「VTRで犬の毛がアップで映ったんですよ。金髪みたいな。みんなが『これなんや?』ってなったときに僕が差し込んだ、『恵(俊彰)さんの毛髪』は、会心のたとえが出たなと思いましたけど。明だけが笑ろてました(笑)」

2 ジャンポケ太田のカラオケ（2022/9/2）

「太田がカラオケ歌ってるときの近藤さんの、旦那を見るうっとりした目。めちゃめちゃ笑いました。ほんまにスナック化してましたね。手をパチパチ叩きながら。イカれてんなあ! と。見てられへんかったです(笑)」

3 地獄のアニマルパラダイス（2022/9/23）

「『殺したろか』というツッコミは、心の底から出た雄叫びですね。傍目で見るぶんには楽かもしれないけど、いざ内側に入ると永遠の地獄。宇宙空間に放り出されたみたいな。あの瞬間は息ができなくなる。『酸素なくし』て呼んでます」

この後もまだまだ続きます！
LOVE it!

生放送の裏側をお届け！

ただ今、休み時間

CM中や放送後もおしゃべりが止まらない
『ラヴィット！』の生徒たち。
生放送中のオフの瞬間を、出演者の
カメラで撮影してもらった。

Day of week
月曜日
Photo by
丸山桂里奈
#半餓鬼
#いつも元気なたぶっちゃん
#キリっとした横顔
FLYING DEVIL
SPEED FIRST
SAFETY SECOND
MILK

#窓から田辺さん
#ザ・マスミサイル
#スタジオ生演奏前
#生放送前のメイク直し
#チラッと馬場ちゃん
#月曜の仲良し4人組

#火曜メンバー記念写真
#喧嘩するほど仲がいい？
#メガネ率高め
#真剣な顔でヘアメイク中
#ラッピージュース
#どアップ

#火曜日カメラマン
#回収名人
#頼りになるMC
Day of week
火曜日
Photo by
河井ゆずる（アインシュタイン）＆亜生（ミキ）
#ベテランのカメラ目線
#SUPER BEAVER最高やで
#亜生カメラ

#矢田さんの笑顔が一番のエンタメ
#不正は許さない
#逆バズ兄さん
Day of week
水曜日
Photo by
リリー(見取り図)
#スタンバイ中

#ロケの達人、メイク中
#朝の一杯？
#赤坂サイファー
#ゲーム実況
#カッパの王様
#収録終わりの
ロケの達人

#とんとんまぶし
LOVE it!
LOVE it!
#今月最後の米
#爆買い
#哀愁

#すべり水
#CM中
Day of week
木曜日
Photo by
石田明(NON STYLE)
#ツインテール

#金曜ラヴィット！
#佐賀競馬場
イメージキャラクター
Day of week
金曜日
Photo by
近藤千尋
#お気に入り

#妻目線
#愛妻家
#うま井美樹
#アゲアゲグルメ
#いつも誰と不安になる街に行ってんの？
#ツーショット
#フリップ名人
#長プッチモニ剛

LOVE IT!

革命的ロック・フェス開幕。その音楽愛のすべてを語る

8月27日（日）に歴史ある代々木第一体育館で開催された『ラヴィット！ロック2023』。前代未聞のロックフェス開幕直前、令和の音楽シーンに革命を起こす3人のアーティストたちがその情熱を語り尽くした——。

QJWeb『ラヴィット！ロック2023』特集ページでインタビューのロングVer.を公開中！

ROCK2023

Kazuya Shimasa

嶋佐和也

DEBUT 2022.6.30「Don't Look Back in Anger」

僕にとってのOasisは
最後のロックンローラー

忘れもしない2022年6月30日、生バンドの演奏をバックに世界的バンド・Oasisの代表曲「Don't Look Back in Anger」を披露したニューヨーク嶋佐和也。この日が誕生日だった横田真悠に向けて歌ったものだったが、予想に反して多くの視聴者の胸を打つ演奏となった。改めてこの名場面を振り返りながら、嶋佐にとって憧れのロックンローラーだというOasisへの想いを聞いた。

―― 嶋佐さんはこれまで2度もOasisの楽曲を『ラヴィット！』で披露されていますが、歌われたときのことを振り返って、いかがですか？

嶋佐　なかなかの反響があって、それにまずはビックリしました。最初は、本当にノリだったんですよ。放送のあとにSNSも見たんですけど、思った以上に「よかった」という反応が多かったんですよね。面白くなればいいなと思っていたのに、まさかそんな形のリアクションがあるなんて思わなかった（笑）。

―― Oasisの作品には、これまでたくさん触れてこられましたか？

嶋佐　そうですね、よく聴いてきました。洋楽の中じゃいちばん聴いてきたかもしれないです。生でも観たことありますよ。解散寸前の、最後のジャパン・ツアーに行きました。やっぱり、いい曲がいっぱいあるし、ロックンローラー像としてカッコいいし……Oasisは、最後のロックンローラーという感じがしますよね。兄弟ゲンカをずっとしている感じも、たまらない。

―― Oasisの中で一番好きなアルバムを選ぶとすると？

嶋佐　えーっ！……（かなり考えながら）もちろん、『(What's the Story) Morning Glory?』とか1stの『Definitely Maybe』もいいんですけど、アルバムというくくりで選ぶと、僕はマジで4枚目の『Standing on the Shoulder of Giants』が好きなんですよね。あれ、すっごくいいアルバムだと思うんですよ。でも、

天野史彬＝文　長野竜成＝撮影

Oasisのアルバムの中ではあんまり評判よくないんですよね、よくわかんないですけど。僕はあのアルバム好きなんです。あと、『Don't Believe The Truth』も好きでした。大学生のころにいちばん聴きましたね。

――『ラヴィット！』でOasisを歌う際にギターも弾かれていましたが、普段、家でギターを弾かれたりもしますか？

嶋佐　いや、もう全然。コード弾きくらいしかできない、ほぼほぼ素人。僕らは世代的にみんなバンドをやっていたので、僕も中学のころからバンドはやっていて。大学のときにバンドのサークルに入ろうと思って、水道橋まで行ってSGを買ったんです。たしか、十数万円はしたんじゃないかな。でも結局、いろいろあってバンドサークルには入らず……。みんな俺より楽器全然うまいし、イキってるやつが多くて（笑）。

――（笑）。

嶋佐　普通のテニスサークルに入りました。それこそ、『ラヴィット！』で引っ越しをしたときに、その水道橋で買ったSGを売りましたよ。3、4万円くらいで売れました（笑）。

――では、今はご自宅にギターはないんですね。

嶋佐　変なギターだけあります。プロレスショップで見つけた、武藤敬司のサイン入りエレキギター。衝動買いしたんですけど、まさかの9,800円でした（笑）。

――（笑）。武藤さんはなんでサインされたんですかね？

嶋佐　わかんないです。でもソッコー買っちゃいました（笑）。弾いていないですけど、飾ってます。武藤さんも、ずっと憧れてる人なんで。

嶋佐和也　Kazuya Shimasa
お笑いコンビ・ニューヨークのボケ担当。『ラヴィット！ロック2023』会場の国立代々木競技場第一体育館で、大学時代にウィーザーの単独公演を観たことがある

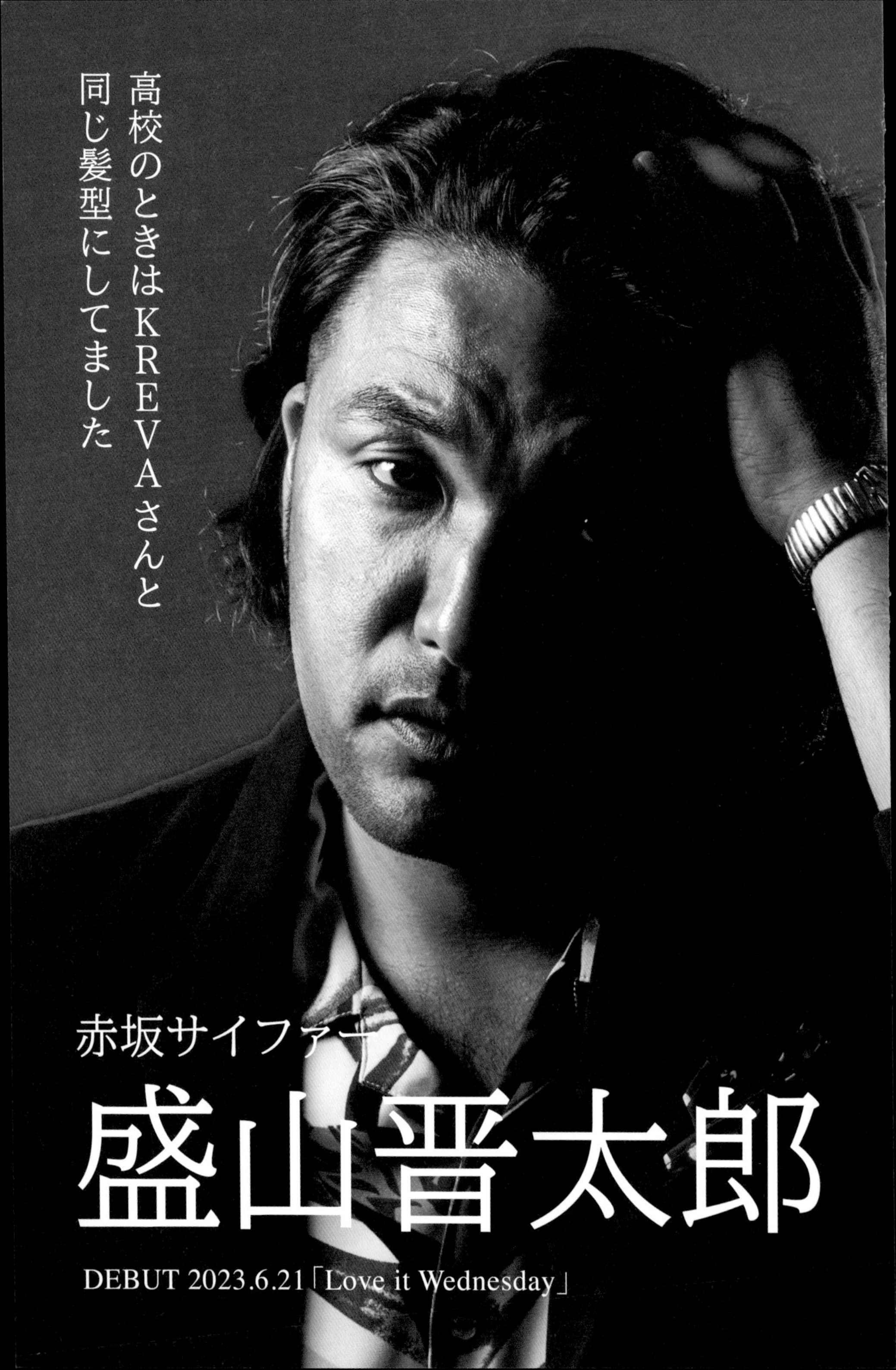

高校のときはＫＲＥＶＡさんと同じ髪型にしてました

赤坂サイファー

盛山晋太郎

DEBUT 2023.6.21「Love it Wednesday」

恩田栄佑＝文　長野竜成＝撮影

水曜レギュラーの見取り図を中心にアルコ&ピース、すゑひろがりず、ロングコートダディで結成されたHIP HOPクルー・赤坂サイファー。特に日本語ラップに造詣の深い盛山は、代表曲「Love it Wednesday」の楽曲を提供した梅田サイファーとも親交が深い。そんな盛山に、ラップをはじめたきっかけやHIP HOPアーティストたちとの出会いについて尋ねた。

――「Love it Wednesday」は梅田サイファーに楽曲提供をしてもらいましたが、最初に聴いたときの感想を教えてもらえますか？

盛山　リリックに遊び心があふれてて面白かったですね。もらってすぐに考察もしたんですよ。まず、南條（庄助）さんの「光／映写機／いざゆかん」は「ライツカメラアクション」の日本語変換ですね。

――映画の撮影の掛け声からサンプリングされたHIP HOPではおなじみのフレーズですね。

盛山　いいですよね。あと、平子（祐希）さんの「オフロシュランのドン／on the floor／平子」の「風呂」で踏む感じもエッチやなと思いました。

――盛山さんは『フリースタイル・ダンジョン』をきっかけにラップをはじめたという話もありましたが、どうやってスキルを磨いたのでしょうか？

盛山　スキルって……僕、ラッパーちゃうんで（笑）。でも、朝起きたときにビート流して、目に映るものをラップしてますね。「歯ブラシ／肉体はたくましい」とか。

――盛山さんの今のスタイルに影響を与えたラッパーを教えてください。

盛山　やっぱりEMINEMっすかね。それとR-指定さんにも影響されました。なんであんなに踏めるのか、脳みそ見てみたいです。あと高校のときはKREVAさんの切り抜き写真を美容室に持っていって「同じ髪型にしてくれ」ってよう言ってましたね。

――そのころはどんな音楽を聴いてたんですか？

盛山　当時はKREVA、ZEEBRA、RIP SLYMEとかオリコンチャートを賑わすHIP HOPくらいしか聴いてなかったですね。僕は軽音部に入ってたので、Hi-STANDARDやSNAIL RAMPとかいわゆるメロコアを聴いてて。あと、GOING STEADYの追っかけをしてましたね。だから、ラップ聴きはじめたのはほんとに「ダンジョン」以降ですね。

――ギャングスタなラッパーから影響を受けることはありますか？

盛山　ありますねぇ。僕もホンマにブリンブリンがほしいですもん。あと、舐達麻のやっている「APHRODITE GANG HOLDINGS」のグッズもほしくて。赤坂サイファーやったとき、はじまる前にずっと咳き込んで、「（しゃがれた声で）ええん、ヨーヨー」ってやっていたんですけど、あれは舐達麻を意識していました。あの咳払い、かっこいいですよね。

――BADSAIKUSH（舐達磨のラッパー）みたいに。

盛山　そう。でも、ほかのみんなもマネして同じことやってきたから邪魔でしたね（笑）。『ラヴィット！』のスタジオの生演奏で「舐達磨を出してほしい」っていつもスタッフに伝えるんですけど、なかなか実現しないですね。

――いつか共演できるといいですね。

盛山　そうっすね。でも、いいんかなっていうのはありますけど（笑）。

盛山晋太郎 Shintaro Moriyama
見取り図のツッコミ担当。お題をもらって即興でラップを披露する「聖徳太子ラップ」を特技として振られることが多いが、98%はスベるという

中年芸人の胸に深く響いた
あいみょんの歌声

おだみょん

DEBUT 2022.11.23「裸の心」

天野史彬＝文　澤田詩園＝撮影

昨年“おだみょん”として、あいみょんの「裸の心」を歌唱したおいでやす小田。けっして上手な歌ではなかったが、気持ちの込められた歌声と真剣な眼差しで多くの視聴者の心を震わせた。『ラヴィット！ロック2023』でも歌唱が決まったが、小田自身は「めっちゃ嫌だった」という。それでも真剣に歌と向き合う小田の信念とは。

――― あいみょんさんの「裸の心」には、深い思い入れがあるんですよね。

おだみょん　それはもう、僕らが「おいでやすこが」として『M-1グランプリ2020』に出て、決勝に出場するまでの期間にずっと聴いていた曲ですから。当時、カラオケでネタ合わせをするときは、時間が余れば歌っていました。ほかの芸人も言っていますけど、あの曲の歌詞をお笑いに置き換えると、芸人の応援ソングになるんです。歌詞がぶっ刺さりすぎる。ピン芸人としてやってきた人が漫才に魅了されて……そんな自分と、「裸の心」の歌詞はぴったりリンクして。それで、どハマりして聴いていたんです。あの年、『M-1』の決勝に行けたことで、「裸の心」は特別な意味を持ってしまったんですよね。忘れられない曲なんです。

――― おだみょんさんの歌声には、人の心を動かすものがあると思います。最初に歌ったときに心がけたことはありますか？

おだみょん　正直、必死すぎて覚えていないんですよね。なんとかミスがないように、ひとつひとつを丁寧に、それしか意識していなかったので、ほかのことは覚えていないです。ただ、1回目のあとにボイストレーニングの先生にお世話になって、歌での感情の出し方や抑揚のつけ方を教わりました。声を張ったからといって、気持ちが伝わるものではない、ということを教えてもらって。

――― ボイストレーニングに通われたのは、歌の上達を目的として、ですか？

おだみょん　そうです、歌のために。本当に細かく教えてもらいました。「この歌詞の部分は、ここを強く」とか、「この部分は、こういう感情で」とか、歌い方と感情をどういうふうに合わせるのかを教わりました。僕、もともとがクソヘタなんです。リズム感もなく、抑揚もなく、バーッと歌ったら盛り上がるもんだと思ってた。カラオケでストレス発散のために歌うくらいなら、それでいいと思ってたんです。誰かに向けて歌うことなんてなかったので。でも、ボイストレーニングに行って、人前で歌うこと、人に伝えることを根本から教えてもらいました。

――― 歌うとき、“人に伝える”ということは意識されますか。

おだみょん　そうですね。「自分の感情を恥ずかしがらずに解放してください」というようなことを先生から言われたんです。「本人が迷っていたら伝わらないですよ」って。

――― ボイストレーニングで学ばれたことが、ほかの場面で生きたこともありますか？

おだみょん　逆じゃないですかね。ほかでやっていることが歌に生きる、という感じで教えてもらいました。芸人としてひとりコントをしたり、お芝居の仕事で演技をしたり、そういう経験が歌に生きる。「歌も芝居」ということは教えてもらいましたね。

おだみょん Odamyon

2022年11月23日放送回のオープニングトークで、アンタッチャブルの柴田英嗣の結婚を祝うために、あいみょんの「裸の心」を披露。翌週の放送に登場した際に“おだみょん”と紹介された

3
4
5
LOVE it!
LOVE it!
LO
LOVE
it

ロケ密着ドキュメント　EXIT・宮下草薙の夏休み

もしも同じ学校だったら仲良くなれるかな？

7月某日。多忙な仕事の合間を縫って、湘南にやってきたEXITと宮下草薙。お互いに仲良しの2組は、ゲストに近藤千尋とHKT48・田中美久を迎えて朝から超ハイテンション（草薙を除く）。「『ラヴィット！』のロケは素のキモい自分が出すぎて危ない」というりんたろー。の言葉のとおり、現場はまるで修学旅行のようにソワソワしつつも騒がしい雰囲気に――。

高木美佑＝撮影

朝から大磯ロングビーチに集まった一行。眠そうな草薙航基に、近藤千尋が「アゲてよー!」とちょっかいをかける。じゃれ合うふたりを見て、兼近大樹が「学校だったら、こういう関係が一番仲良くなるんだけどねー」と笑った。最初は気まずそうな草薙だったが、

その後ふたりは一緒にウォータースライダーを滑って悲鳴を上げる。気づけばすっかり打ち解けた様子だった。

その後も６人は、飛び込みやボートで大はしゃぎ。特に仲良しの兼近と宮下兼史鷹は休憩中もずっとおしゃ

べりを楽しんでいた。一方で、りんたろー。はひとり「僕、高所恐怖症だし紫外線アレルギーだし最悪っすよ……」とポツリ。「でも、なんだかんだみんな楽しんでますね。僕らのいちばん素に近い部分が出るのが『ラヴィット!』のロケかもしれないっす」

教えて、先輩！

『ラヴィット！』対策講座 2

ロケ編

多くの芸人やタレントにとって、スタジオ出演への登竜門となるのが「ロケ」。芸歴22年、ロケを達人の域まで極めたなすなかにしに、極意を聞いてみた。

教えてくれた人 **なすなかにし**

スタッフさんとの会話が大事！

大阪時代に磨いたロケの腕

――「なすなかにしといえばロケ」というイメージがついたきっかけは？

中西　最初は、他局ですけど『ウチのガヤがすみません』という番組で、ふたりでロケに行かせていただいて。で、それを観た別の番組のほうにも呼んでいただいて……それを一気に『ラヴィット！』さんが拡散してくれた感じですね。

那須　もともとは大阪所属のときからロケの仕事が多かったんです。でも、東京に来てからはふたりでロケに行く機会がほとんどなかった。みなさんに受け入れてもらったのは『ラヴィット！』のおかげですね。

――そこから少しずつロケの仕事が増えていった。

中西　そうですね。ロケのイメージがそこそこ認知されるようになって『ラヴィット！』さんがそれをずっと続けてやらせてくれた感じです。

那須　番組に出はじめたころはコロナ禍でお休みされる芸人さんがけっこういたんですけど、その代演で呼んでくださったんですよね。そこから「なんかよく出てるな」っていうイメージがついたんだと思います。

中西　ライブに出ても、みんな『ラヴィット！』ポーズをしてくれるんですよ。それで「僕ら、レギュラーじゃないんですよ」っていうとドカーンとウケる。

門外不出のロケマニュアル

――― 仕事が増えて、ロケへの取り組み方やバリエーションを増やしていかなきゃ、という思いもあったんですか？

中西　そうですね。ロケ中のやりとりの中で、その場で出たフレーズなんかを書き留めておいたり。それでちょっとずつバリエーションも増えていきました。

――― ロケのマニュアルも持っているんですよね。

中西　今どんどんロケに行って増えてるので、今また新しいやつを作ってる最中で。裏側には、各地の名産が書いてあります。地方のロケとかだとスタッフさんとしゃべることが多いんで、「この名産品ってなんですか？」って聞かれたときにパッと答えられるように。あと、「昼ご飯どこで食べますか？」ってなったら、みんなラーメン好きなんでご当地ラーメンもメモしてます。「こんなラーメンあるんですか！」みたいに盛り上がるので。

――― スタッフさんとの裏側の楽しみもあるんですね。

中西　そうですね（笑）。みんなで楽しもう、と。ロケはスタッフさんとの会話も大事なんで。

那須　特に『ラヴィット！』のロケは、本当に我々の好きなことをいっぱいやらせてくれるんで。スタッフさんも毎回「オープニングどうされますか」って聞いてくださります。「なすなかさんの好きなようにやってください」って。だから、ロケのマニュアルもどんどん増えていきますね。

中西　カメラさんも「なすなかさんどうします？　固定でいいですか？」って。

京都グルメツアーでボケ放題

――― これまでの『ラヴィット!』でいちばん手応えあったロケってどれですか？

那須　反響あったのは髙地優吾くん（SixTONES）と真空ジェシカで京都に行ったロケですね。

中西　『ラヴィット！』きっかけで髙地くんと仲良くなって、前日に3人でご飯行って。その後に、一緒に銭湯行きました。それ以来、ことあるごとにLINEくれたりするようになりましたね。

――― 髙地さんもラジオでそのときの話をされて、本当に楽しかったと。

那須　『ラヴィット！』さんのロケって、情報番組のロケじゃないんですよね。もう全員がフル回転する。全員で食リポ合戦して、髙地くんをわざと最後にしてとか。

中西　真空ジェシカがボケて、とか。

那須　ちゃんとやってくれないから、お店の方からしたら腹立つかもしれないですけどね（笑）。

なすなかにし Nasunakanishi
那須晃行、中西茂樹によるお笑いコンビ。MC川島の奥様は、なすなかにしのアクスタを持ってランチに行くほどのファン

●山形県
セイヨウナシ、さくらんぼ　米沢牛、芋煮
●福島県
キュウリ、桃　川俣シャモ　わっぱ飯、こづゆ、喜多方ラーメン　会津塗
●茨城県
和梨　アンコ　結城紬
●栃木県
イチゴ、かんぴょう　しもつかれ　益子焼
●群馬県
こんにゃく、下仁田ネギ、キャベツ　水沢うどん　桐生織
●埼玉県
狭山茶、深谷ねぎ　ナマズ料理、草加煎餅
●千葉県
落花生　イワシ　羊羹

●東京都
八丈フルーツレモン　ちゃんこ、雷おこし、深川鍋、ねぎま鍋、もんじゃ焼き　黄八丈
●神奈川県
マグロ、金目鯛、かまぼこ　葉山牛　高座豚　中華料理　箱根寄木細工　ほうれん草、キヌヒカリ
●新潟県
米　のっぺい、笹団子　小千谷縮
●富山県
ホタルイカ、氷見ぶり　ます寿し　氷見うどん　高岡漆器、高岡銅器
●石川県
加賀野菜　治部煮、長生殿、くちこ　九谷焼、輪島塗、山中漆器、加賀友禅
●福井県
越前ガニ　へしこ　越前和紙

ロケ中のトーク紹介するため、47都道府県の名産品や観光名所をメモしている

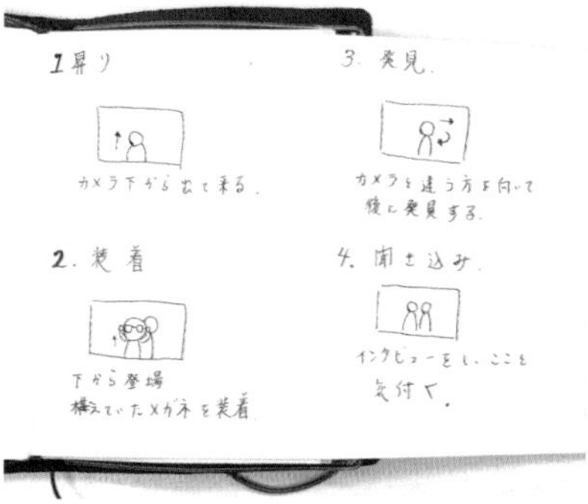

1昇り
カメラ下から出て来る。
2. 装着
下から登場
構えていたメガネを装着
3. 発見
カメラと違う方を向いて
後に発見する。
4. 聞き込み
インタビューをし、ここと
気付く。

手帳には、オープニングの登場パターンが何種類も。常に更新され続けているという

釣木文恵、梅山織愛＝取材　山本大樹＝文　山口こすも＝撮影

番組スタッフが選ぶ

珠玉の名場面

2021-2023

**番組に関わる総合演出、プロデューサー、ディレクター、ADなど
総勢約200名のスタッフがオススメする珠玉の名場面を一挙に紹介！
番組スタッフの涙と笑いと思い出が詰まった
1位～85位までの名場面をランキング形式でどうぞ！**

1位 ニューヨーク嶋佐、横田真悠の誕生日にOasis熱唱（2022/6/30）

この日、誕生日を迎えた横田真悠のために嶋佐が熱唱したOasis「Don't Look Back In Anger」に、スタジオが感動の渦に包まれる。

●ニューヨーク嶋佐さんがOasisをリスペクトしながら、精一杯感情を込めて横田さんに歌を歌っていた姿が感動的だった。（P・匿名）

●特別歌が上手なわけでも、ノエルギャラガーのモノマネに寄せるでもなく芸人さんがただ好きな歌手の好きな歌をガチで歌うシーンを放送するという斬新さ。ただ、ガチで歌ったからこそ視聴者の心を打ったのだと思う。（D・三浦）

●番組としてバンドセットの歌披露が初めてだったため、制作陣がなにもわからない状態でのスタートで、いろいろとバタバタな部分もありましたが、そんな私たちの努力を無駄にせず圧倒的なパフォーマンスを披露してくれた嶋佐さんに感動しました。笑いなしで本気で歌う嶋佐さんがとてもかっこよかったです。（AD・匿名）

●それまでの『ラヴィット！』では「スタジオで生バンドを背負って歌を歌う」ということはなかったと思いますが、それをこの日行った嶋佐さんは『ラヴィット！』に革命をもたらしたと思います。しかも、アーティストではなく、お笑い芸人がマジで歌を歌うという姿は大きな感動を呼びました。現在、『ラヴィット！』ではアーティストの方にたくさん出演していただいていますが間違いなく嶋佐さんがその先駆者だと思っていますし、とても印象に残っています。（演出・床波）

2位 男性ブランコ浦井、オプティマスプライムに完全に無視される（2022/8/8）

『トランスフォーマー』のおもちゃ「オプティマスプライム」。
浦井の声によってトラックから人型に変形するはずだったが……。

●何度やっても浦井さんの声には反応しなかったオプティマスプライムが、及川Dの声にはすべて反応するという天丼の笑い。最終的に浦井さんがオプティマスプライム型の土下座で「俺の言うことを聞いてくれ！」と叫ぶまでのすべてが生放送で起きているとは思えないほど、神が降りた笑いの連続でした。（D・齋藤）

●ハプニングにも笑えるものと笑えないものがありますが、これは大爆笑でした。オプティマスプライムがスタッフの声にしか反応しないというミラクルが面白すぎました。本当に焦っている浦井さんの姿も生放送ならではのものではないかと思います。（AD・佐藤）

●そもそも浦井さんの言葉に反応するオプティマスプライムを見せる演出だったのに一切反応せず。制作側にとっては完全に失敗だったのに、いろんな奇跡が重なってスタジオは大爆笑。失敗も笑いにつながることがあるんだな、と新たな学びになりました（演出・尾川）

3位 月曜メンバーで「明日があるさ」大合唱（2023/1/30）

この日のテーマ「家族みんなで楽しめるもの」で本並健治がRe:Japanの「明日があるさ」を紹介し、「みんなで歌いましょうか」と呼びかける。

●演者さんがカメラ回っていないところですごく練習してくださっていて、特にモグライダー・ともしげさん、ぼる塾・田辺さんは何度も何度も歌詞やダンスを確認していたのが印象的です。サプライズゲストの間寛平師匠も終わった後、楽屋で「すごく楽しかったなぁ～。良かったなぁ～、歌詞間違えたけど（笑）」とおっしゃっていました。歌い終わった後の演者さんの笑顔が忘れられません！（AP・北村）

●『ラヴィット！』放送開始当初からスタッフとして働いていますが、初めてスタッフや出演者のみなさんと協力して作り上げた感じがして、とても楽しかったです。出演者のみなさんも事前に練習してくださっていて、見ていてとてもうれしかったし、リハ含めて2回生で見ることができて、いまだにオンエアを見返すことがあるくらい大好きです！（CAD・長妻）

●放送中も出演者の方とスタッフがお互いに「緊張する！」や「頑張りましょう！」など声をかけ合っていて、出演者の方とスタッフみんなでの一体感や事前の準備含め、放送以外でもたくさん頑張ってくださっていました。そのぶん、出演者の方々の放送中の姿、放送終わりの姿も含め楽しそうだったのが印象深いです！（AP・檀林）

4位 きつね淡路のオリジナルラブソング「ペアーズ」合唱
（2023/4/14）

きつね淡路の名曲「ペアーズ」を大合唱。間奏では、金曜メンバーたちが初恋の思い出を語る。

●サビとサビの間で話す『ラヴィット！』メンバーの初恋エピソードトークが面白かった。（D・薄）
●鈴木亮平さんの純粋な顔と、近藤さんの初恋に嫉妬する太田さんの顔が面白くて忘れられない。（演出・小西）
●普段なかなか聞けないエピソードを聞くことができたから。特に、初恋を語る近藤さんのバックに映る太田さんの表情と、川島さんの「万引き犯の女の子」のエピソードがよかった。東京03の飯塚さんはソロパートに収まりきっていなくて余計に面白かった。（AD・山本）

5位 火曜メンバー、新聞紙ギネス世界記録達成
（2022/6/7）

若槻千夏の提案により、火曜メンバー全員でギネス世界記録更新をめざすことに。しかし、途中でMC川島の反則行為が発覚し……。

●CM中とはいえ、オンエアの最中に川島さんが大きく動揺したような表情を見せたのは初めてだったので強く印象に残っています。結局、その後のエンディングでもギネスに挑戦し見事に世界記録達成。ラヴィット！ファミリーの底力のすごさを実感した回でもあります。（総合演出・新井）
●ADでも何度もシミュレーションして、本番のスタジオではスタッフ・演者全員、手に汗握る状態で「絶対に成功する！」と祈りながら現場で見ていました。（AD・岡田）

6位 スタジオでアニマルパラダイス初披露（2022/10/14）

きつね淡路作曲の軽快なBGMが流れるなか、動物になりきって自己紹介。
くっきー！いわく「息ができなくなる、永遠の地獄」。

●出演者が動物になりきって音楽に合わせて自己紹介をするという内容が衝撃的だった。きつね淡路さんが人間たちを睨みつけながら「私利私欲の塊 人間ラビリンス」と吐き捨てる場面は何度観ても笑ってしまう。（AD・下畑）
●アニマルパラダイスに指名された出演者はイヤイヤ出てくるのに、音楽がかかった瞬間にキャラになりきっている姿を見て、プロだなぁと本当に感心しました。ひととおり「アニマルパラダイス」が終わった後のくっきー！さんのキレ芸からの淡路さんのひと言も秀逸だなと思います。川島さんの「『ラヴィット！』が終わった」という悲痛な声と、淡路さんの捨て台詞「人間ラビリンス」が今でも心に残っています。（D・本田）

7位 さらば青春の光・森田、生放送で658万円以上もするレンジローバー購入（2023/2/16）

森田が「オススメのシブいもの」で紹介した初代レンジローバーが、なぜか地下駐車場に用意されていた。追い込まれた森田は……。

●生放送中のわずか９分ほどの間に658万円の車を買うというのはとても興奮したし、森田さんの男気に感動しました。こんなことはこれから先もなかなかないと思いますし、準備期間も１週間ほどしかなく、ギリギリのタイミングであの白いレンジローバーが見つかりどうにかオンエアにこぎつけ、その１台が森田さんの愛車になったのでとても印象に残っています。（演出・床波）

●森田さんがどんどん追い詰められていき数分で購入を決断してしまうさまに、生放送の持つエンターテイメント性とドキュメント性を感じました。将来こういった番組を作ってみたいです。（AD・山口）

8位 でんじろう出禁（2022/2/15）

１００倍の威力を持つ空気砲や静電気ビリビリ実験など、でんじろう先生が大暴れ。スタジオは阿鼻叫喚の地獄絵図に。

●電撃を喰らって悲鳴を上げたり、ドライアイスの白い息を口から吐きながらキレる若槻千夏さんなど火曜メンバーの盛り上げ力とでんじろう先生のサイコパスっぷりが際立っていて、良くも悪くもいつものスタジオと雰囲気が違い、放送事故が起きているんじゃないかと思うくらいのスリルがあった。（AD・匿名）

●カメリハのときから実際に実験を行っていました。空気砲を喰らうAD、手をつないで1万ボルトを喰らうADなどスタジオは地獄絵図。悲鳴が響き渡っていました。（AD・匿名）

くっきー！、「川島RESPECT」を披露（2023/5/19）

「くっきー！パパの公園へ行こう」で、新ゲーム「川島RESPECT」の全貌が明らかに。

●ロケのVTRを使い生放送で川島さんを攻撃するという展開が、今まで見たことがないTVの使い方ですごく面白かった。（AD・山本）

●全員で無理矢理アドリブを貫くシーンが印象的。（AD・町田）

●「こんなゲームがあるんだ！」と衝撃を受けた。（演出・小西）

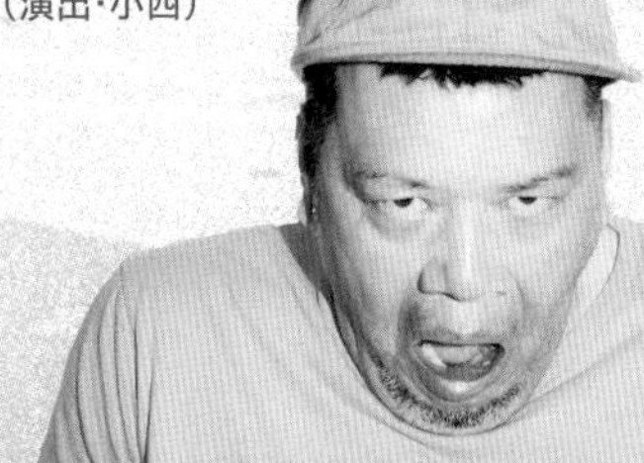

9位 代理MCの日向坂46松田好花＆丸山桂里奈が号泣

（2021/10/25）

「爆笑！明石家さんまのご長寿グランプリ」のVTRを観た松田好花と丸山桂里奈が大号泣。

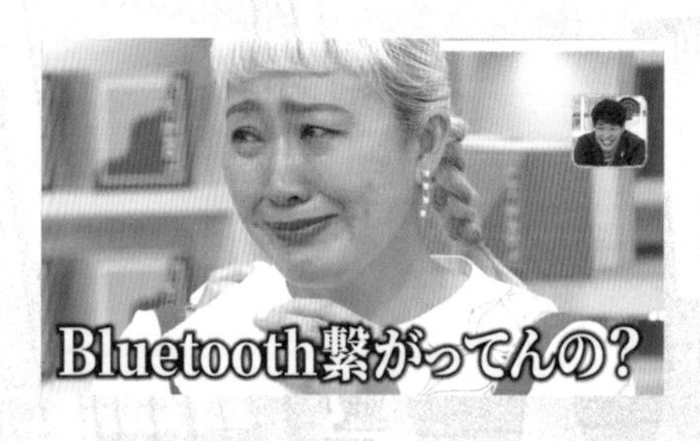

●それまでの放送で松田好花さんがかなり涙もろいことは有名になっていましたが、川島さんの素早いツッコミ「Bluetoothでつながってんの？」というワードにとっても笑ってしまいました。川島さんのワードチョイスにはいつも驚かされますし、感心しまくりなのですが、感動的な映像に涙からの面白ツッコミで温度差がすごかったので、余計に印象に残っています。松田好花さんと丸山さんの人柄の良さも出ているなぁと思います。（AD・匿名）

ニューヨーク屋敷、345万円のA.ランゲ＆ゾーネの腕時計を購入

（2022/1/27）

「いつか買えるようになりたい」と憧れていた345万円の腕時計を購入。嶋佐に次ぐ新たな「爆買いベジータ侍」の誕生にスタジオ騒然。

●ロケで300万円以上する時計をガチ購入。屋敷さんのいろんな覚悟が垣間見えるドキュメンタリーでした。（AD・大野）

●芸人ドリームを目の当たりにした。売れると345万円の買い物ができるのかと改めて思い知らされ、「夢があるなあ」と実感。高額の買い物を『ラヴィット！』に任せてくれたうれしさもありました。（P・匿名）

サンドウィッチマン伊達とのロケで東京ホテイソンたけるが号泣

（2022/4/15）

ロケでの立ち回りがうまくいかない東京ホテイソンたける、サンド伊達からの愛のあるアドバイスにガチ泣き。

●このロケに立ち会っていたのですが、たけるさんが泣いた際は現場も思わず止まっていたのを感じました。前日までバタバタしてロケの記憶がないんですが、たけるさんの涙だけは忘れることができません。（AD・永井）

●ずっと頑張ってきたんだなと伝わったから。スタッフとしてこれからも東京ホテイソンさんを応援していきたいです。（AP・中塩）

動物園ロケで「アニマルパラダイス」誕生

(2022/6/7)

きつねの動物園ロケで、のちにスタジオを地獄絵図に巻き込む「アニマルパラダイス」が爆誕。

●いい意味で『ラヴィット！』のガチャガチャした、なにをやっても許される雰囲気を定着させてくれた（？）ネタ。（D・島田）

●ロケのときはもちろん、スタジオ初披露のときの「『ラヴィット！』が終わった日」という川島さんのコメントも的確。（AD・中島）

全編オープニング回

(2023/1/4)

2023年の新年初放送。全編オープニングトークを行い、「今年も『ラヴィット！』スタートです」という言葉でフィニッシュ。

●『ラヴィット！』の一年がスタートする日でしたが、普段の放送のようなVTRがないぶん、富士急中継や「ゆるキャラダービー」などいつもよりやることが多く、生放送の緊張感が何倍にも増した。（演出・村居）

ペンギンタワーバランスゲーム

(2023/1/13)

スタジオメンバー全員で番組の放送終了ギリギリまで「ペンギンタワーバランスゲーム」で対決。電流が流れる直前、川島が椅子から立ち上がるという不正も。

●放送終了までに勝負がつくかつかないかわからない対決で、生放送ならではの臨場感が伝わってきた。（D・桑村）

●放送終了直前に全員ビリビリを喰らった、奇跡的な瞬間だった（演出・小西）

南波アナウンサーがB'z 稲葉を真似した短パン姿でスキーをしながら熱唱

(2023/1/16)

静岡のスキー場からの中継で、防寒インナー「ひだまり 頂」を紹介するために南波アナが体を張りまくる。

●とにかくバカバカしくて面白かった。生中継でコスプレしたアナウンサーがスキーをしながら熱唱する、という芸人でもやらないようなことを南波アナが完璧にやり遂げていて、めちゃくちゃ面白かった。（D・山口）

タイムマシーン3号ドッキリ企画

（2023/2/23）

ロケ中のタイムマシーン3号が、目隠しドッキリで記念すべき『ラヴィット！』スタジオ初登場。

●「ロケと見せかけて実はスタジオ出演」という企画でしたが、生放送でこのような中継を伴うドッキリは本当に難しい点が多く苦労しました。しかしおふたりがスタジオで目隠しを外したときの反応に、こちらまでうれしくなりました！記念すべき『ラヴィット！』スタジオ初登場に立ち会えてよかったです。（AP・ラッピーの同期♡）

川島明　春休み企画in金沢

（2023/3/6、3/13）

念願の金沢ロケだったはずが、前乗りして飲んでいた川島は当日まさかのがっつり二日酔い。

●スタッフ「なにか食べますか？」川島さん「僕は大丈夫です」というくだりを何度もイジられていましたが、見ているこっちも「いや、大丈夫ですじゃないのよ」とツッコみたくなりました。とはいえ、川島さんはものすごい数のお仕事を毎日こなしてらっしゃるので、金沢で楽しめたのかなとうれしくも思いました。（AD・匿名）

ラヴィット！ダービー

（2023/3/22）

WBC決勝戦の裏で、往年のバラエティ『クイズダービー』のパロディー「ラヴィット！ダービー」開催。

●必死に準備してきたのに、WBC決勝の裏の放送と決まり、「こんなバカげた放送を誰が観るんだ」と思いました。しかし川島さんの「本当の『ラヴィット！』ファンのみなさん」という言葉で吹っ切れ、自分のやってきたことが報われた気持ちになりました。（CAD・匿名）

赤坂サイファー初披露

（2023/6/21）

見取り図、アルコ＆ピース、ロングコートダディ、すゑひろがりずの「赤坂サイファー」に、本家・梅田サイファーがラップを書き下ろし。

●梅田サイファーの番組オリジナルの歌詞がどうなるのかが楽しみで、できあがった歌詞を読んで感動した。（AD・匿名）

●最初の練習で苦戦していたのに、本番で完璧に歌っていてさすがだと思ったしとてもカッコよかった。（AD・匿名）

得票数1票！マニアックな名場面

『ラヴィット！』初回放送
（2021/3/29）

オープニングは今のようにテーマトークがなく、番組趣旨やゲスト紹介のみでわずか4分26秒。そのあとには2本のVTR企画と「ラヴィット9」というスタジオクイズ企画がありました。VTRの作り方も、スタジオ展開の仕方も含め現在の『ラヴィット！』とはだいぶ違う形でしたが、「日本でいちばん明るい朝番組」の原点として、この初回放送は当時の緊張感や高揚感とともに今でも記憶に残っています。（総合演出・新井）

リリーのクレジットカード
（2021/9/8）

お気に入りの文房具紹介のコーナーで、見取り図リリーさんが、自分のクレジットカードを晒したシーン。生放送にもかかわらず、攻めすぎたボケでとても面白かった。（AD・匿名）

「目玉の親父の衣替え」
（2021/10/13）

「すゑひろクイズ」で、あのちゃんが千原ジュニアさんの回答を発表した後の川島さんのひと言「うまっ」。あれは川島さんの心の底から出ちゃった一言だと思います。（AD・匿名）

温泉にずっと浸かっているおじさん
（2021/11/4）

朝から夜まで1日中、温泉の映像を映したVTRで、画面左端のおじいさんがずっと温泉に入っていた。普通だったら気づかなかったところに気づいている石田さんにも笑えてきた。（AD・中島）

「鍋の日」のドタバタ
（2021/11/5）

鍋をおいしそうな状態で出せず……。本番ではグツグツしすぎだったり、逆に一切グツグツしていなかったりと、とても放送していい状態ではなかったにもかかわらず、MCの川島さんをはじめ出演者のみなさんに面白くしてもらいました。生放送ならではの救いを感じた回でした。（AD・永井）

インディアンス田渕の机に運ばれた「謎のオムレツ」
（2022/1/25）

私が田渕さんに試食の入れ込みをしたのですが、食べることなくCMへ……。私たちもなにが起こったのかわからなかった瞬間でした。（AD・匿名）

VTRで新大久保のコスメのお店「EeNA（イイナ）」を紹介した際、BGMで「にんげんっていいな」が流れる
（2022/2/3）

今までもVTRに出てきた言葉に関係するBGMをかけてもらっていたのだが、スタジオがみんな笑いながら「ナイスチョイス」「ど真ん中だな」とほめていたのが印象的だった。（制作進行・阿部）

くっきー！＆ザコシが大暴れ！
（2022/2/4）

くっきー！さんとザコシさんの登場でスタジオで大荒れし、「お笑い向上委員会」のようになっていました。芸人さんたちに「自由に楽しく作っていける番組」と認識されているように感じられてうれしかったです。（AP・中塩）

MCふたりがラヴィット！ポーズでVフリする前を田辺さんが横切ったシーン
（2022/2/28）

オープニングで田辺さんがスタジオ下手で作業し、そのままMCふたりがラヴィット！ポーズでVフリしようとしたら、席に戻ろうとした田辺さんが

カメラ前ドン被り。スタジオが笑いに包まれたことや、川島さんの「激アツ演出かと思った」のツッコミも相まって、何度観ても笑える場面に。(D・奥住)

相席スタート山添のボケ「メリーヒョーランド」が一発正解
(2022/3/1)

冬のアクティビティクイズで山添さんのうすらボケ「メリーヒョーランド」が1発目の解答で正解してしまったシーンが忘れられません。山添さんのやってしまった顔は普段は見られないものなので印象的でした。解答時のドヤ顔、そのあとの「プーさんのハニーハンヒョー」「タワーオブ冷てぇな」のやってしまった顔までが1セットです。私は山添さんが好きみたいです。(AD・匿名)

「時間がないので正解していただいて大丈夫です」
(2022/3/28)

スタジオクイズで、放送時間が押していたので「時間がないので正解していただいて大丈夫です」というカンペを出したら、川島さんにそのカンペを晒し上げられたシーン。自分が取り上げられた本人なので、緊張しました。しかし、たまに思い出すとうれしい思い出でもあります。(AD・渡辺)

見取り図盛山、まさかの卒業
(2022/4/20)

「ラヴィット!ランキング」で見取り図・盛山さんが予想を発表する際「1位で当てたら番組を卒業します」と発言。その盛山さんの発言を受け、すぐ花束を用意しに行き、盛山さんが1位になった約20分の間に花束を渡せました。それが生放送、しかも朝の早い時間に用意できたことが素晴らしかったです。(制作進行・阿部)

『パンサー向井の#ふらっと』とコラボ
(2022/7/12)

ラジオとTVの架け橋のようで、実現できてうれしかった。(AD・立直)

藤崎マーケット田崎のアゴのせ三角コーン
(2022/8/2)

前日まで練習してないし絶対に無理だろうと思っていたが、本番であんなにちゃんと持ち上がるなんて思いませんでした。(D・匿名)

高速餅つきの中谷堂
(2022/8/25)

ギャル曽根さんが高速餅つきの中谷堂を紹介し、MC川島さんが「チャンネル変わりました?」とつぶやいた瞬間。すべての流れをたったひと言で表現した川島さんに感服しました。(P・匿名)

大木劇団第7回公演「ジョン万次郎の恋物語」
(2022/9/6)

前日からのADさんの美術制作にはじまり、あの紺野まひるさんが自ら出たいと志願し、当日も放送開始3分前までバタバタのリハーサルをして本番を迎えたのが忘れられません。本番はめちゃくちゃ良い学芸会を見ているようでした。(D・匿名)

ラッピー「盛山さん“で”遊びたい」と発言
(2022/9/7)

ラッピーの「盛山さんで遊び……あっ、盛山さんと遊びたいので」という発言。ラッピーが意外と自由におしゃべりするし、意外と毒多めで面白かわいかったから。盛山さんとラッピーのコンビが

大好きになった。（AD・水野）

本並vs南波アナの「LOVE PHANTOM」対決
（2022/9/12）

本並さんが「オススメの長いもの」の回の聞き取りで「LOVE PHANTOMのイントロ長いですよね」と言ったひと言からはじまった企画が、Tシャツや「ラヴィット！ロック」の企画になるなんて感慨深いです。（D・小島）

川島に引きずられるニューヨーク嶋佐
（2022/9/29）

パントマイムの後にふざけすぎて川島さんに引きずられる嶋佐さんに笑いました。何度もパントマイムをやる嶋佐さんも面白いが、あのスピード感でパントマイムを被せて嶋佐さんを引きずる川島さんの頭の回転の速さがすごい。（D・遠藤）

くっきー！のパラパラ
（2022/9/30）

あの世界観はさすがだと思った。あれを朝にやっていることのくだらなさが面白く、特に近藤さんを巻き込んだパラパラが最高。（D・香西）

「愛のしるし」のTikTok
（2022/10/5）

自分が『ラヴィット！』の配属になって初めて参加した回で、前日から「愛のしるし」のダンスをスタッフでも練習してリハーサルしたのが楽しかったです。TikTokも成功し、400万再生もされていてとても印象に残ってます。（AD・鈴木）

かが屋・加賀さんvs最強火曜日スタッフAD菅野のテトリス対決
（2022/11/1）

TV業界で何年も働いてきましたが、番組内スタッフの身内ネタで心の底から応援して朝から熱くなったのは初めてでした。そもそもスタッフが出演者となにかをするという番組を経験したことがなく、込み上げてきたものがありました。（AD・匿名）

アルピー平子&Aぇ！group、ジャミロクワイ完全再現
（2022/11/2）

「オフロシュラン」で、お風呂で平子さんとAぇ！groupがジャミロクワイを完全再現したシーン。このころから、オフロシュランが情報よりボケに走りはじめました。（P・匿名）

もう中学生の日曜劇場
（2022/11/21）

「トータルテンボスのいたずらツアー」で、もう中学生さんが那須ハイランドパークの絶叫コースターに挑戦。その後、アンジュルム・竹内朱莉さんが「最高すぎます。もう1周行きたかった」と感想を言うと、もう中さんが「冗談でもそういうこと言うもんじゃない」「大変なことになっちゃうよ」と真顔で詰め寄る一幕が。スタジオでは川島さんが「もう中の日曜劇場」とツッコミ。現場のディレクターもほかの演者も、もう中さんの豹変をまったく予期していなかった。その驚きも含めて面白い瞬間でした。（演出・尾川）

川島vs春日「2022年TV番組出演本数ランキング」
（2022/12/6）

川島さんとオードリー・春日さんが１年間互いに１位を狙い競い合った「2022年TV番組出演本数ランキング」。ただでさえ川島さんが１位になれなかったということで気まずい空気になっていたのに、追い打ちをかけるようにクラッカーとくす玉も上手くいかず、演者もスタッフも互いに顔色を伺うことしかできなかった。（AD・菅野）

「ラッピーあみだくじ」で海苔を食べる田村アナ
（2022/12/7）

毎回かなりスタッフが悩んでいる盛山vsラッピー。海苔で作ったあみだくじの線を田村アナが食べるというかなりシンプルな仕掛けだが、田村アナが真顔で海苔を食べるシーンが秀逸。（P・匿名）

男性ブランコ浦井の妹
（2022/12/22）

「りくろーおじさんの店新大阪店」支配人の妹さんと浦井さんがそっくりで面白かった。『M-1』放送後で、「音符運び」の音符を作ることになったが

美術発注が難しく、振り回すほうの音符はADで制作することになって大変だった。(AD・matsu)

相席スタート山添のスカイダイビング
(2022/12/27)

さまざまな無礼を働いてきた山添さんがすべてを清算するために飛んだスカイダイビング。1年間でできたストーリーをすべて回収する綺麗な終わり方だったと思う。(D・匿名)

『ゴールデンラヴィット！』冒頭でのMCふたりのあいさつ
(2022/12/28)

初回放送から携わらせてもらい、最初はさまざまな評価もあったが、多くのファンの方に支えられてついに『ラヴィット！』がゴールデンで特番をやれたことにグッときました。しかも、そこに全曜日のレギュラー陣がしっかり揃ったことにも番組の素晴らしさを感じました。(D・奥住)

『ゴールデンラヴィット！』の盛山サイコロ
(2022/12/28)

いつも水曜日のランキングコーナーでやっていた盛山サイコロを『ゴールデンラヴィット！』で50個ものサイコロを使い、大規模に実施。当日の放送に参加しており、どうなるかわからない緊張感や入れ込みの演出も含めて楽しかったし印象に残っています。(AD・匿名)

見取り図盛山の痴漢疑惑
(2023/1/11)

コットン・きょんさんが紹介した焼肉ぽんがの「たたみネギたん塩」の試食をかけて対決した「牛タンゲーム」で、矢田さんに盛山さんが痴漢を疑われているシーン。焦っている盛山さんの表情が面白かったです。その後に南條さんと盛山さんがビリビリ椅子を受けるのも笑いました。(AD・田代)

相席スタート山添の「目閉じて選手権」のカツラ
(2023/1/17)

Snow Man宮舘さんご本人、川島さん、ビビる大木さんなど強豪ぞろいの中で、まさかのおかっぱカツラ・髭・スパンコールジャケットの山添さんにサブも大爆笑。サブであんなに涙を流して笑ったのは初めてだったので印象的でした。またオンエア後、あまりにも似合っていたため、若槻千夏さんが自腹でカツラを美術さんから購入し、山添さんにプレゼントしていました。(AD・匿名)

カラオケ企画でギャル曽根が「Boom Boom めっちゃマッチョ！」歌唱
(2023/1/19)

スタジオのみなさんがあたたかい空気でコールをしたり、ギャル曽根さんも少しだけ恥ずかしそうに歌っているのがよかったです。途中で全員が「これなんなん？」と思っている雰囲気も含めて、すべてよかったです。(制作進行・阿部)

くっきー！、手づくりのオウム
(2023/2/3)

川島さんへの誕生日プレゼントを発表する回で、くっきー！さんが川島さんのために用意したのが、手づくりのオウムでした。とても不思議な空気に包まれましたが、個人的にはとても面白くて、そして深夜にイチから本人が手作りして持ってきてくださったことにくっきー！さんの『ラヴィット！』愛を感じました。(AP・山本)

きつね淡路「SAKASE」スタジオ初披露
(2023/2/3)

耳に残るメロディで、きつねさんが謝るまでの一連の流れが面白い。(AD・長坂)

なにわ男子・高橋恭平の仮面ライダーベルト
(2023/3/2)

大人用の仮面ライダーベルトを探すのが本当に大変でした。放送の仮面ライダークイズも正解し

てくれて良かったです。（AD・matsu）

ハローキティがスタジオに登場

（2023/3/6）

ぼる塾・はるちゃんと田辺さんが泣いて喜んでくれたのが印象的。（D・千葉）

マチラブ野田の「本気肉調査隊」オープニングコント

（2023/3/9）

「本気肉調査隊」でマヂカルラブリー野田さんが金八先生のオープニングをモチーフにしたコントを行ったシーン。たかだが30秒ほどのシーンのために、本番前日２時間以上かけてみっちりリハーサルを実施しました。スタッフの熱意が伝わったのか、コント終了後に野田さんがスタッフ全員に向かって何度も頭を下げながら「ありがとうございました！」とおっしゃっていただき、これを機に「本気肉調査隊」の結束がますます強くなったと思います。（D・小林）

500回記念の鏡開き

（2023/3/23）

大きな樽を出演者が囲み、スタッフみんなで動かしたことが印象に残っています。（AD・匿名）

ガオパオゲーム

（2023/3/23）

500回記念の放送にて、ガオ～ちゃんが考案した「ガオパオゲーム」で、最後のガオパオダンスの回数を間違えたシーン。ガオパオダンスを1回追加して3回になったのに、本人が同じミスを2回したところに笑いました。（AD・緑川）

「川島さん」

（2023/3/23）

川島さんの名前が「川鳥」と間違えて書いてあったことを川島さんが発見。「1000回目までになんとか名前を憶えてもらえるように頑張りたいと思います」という返しが秀逸で、笑いに変えているのがすごいと思いました。（AD・大音師）

牧野真莉愛＆ぼる塾のドラゴンボールコスプレ

（2023/3/27）

牧野真莉愛さんのスタイルいい悟空と、ぼる塾さんのキャラ設定がとてもマッチして完成度の高いコスプレがかわいかった。そのままスタジオに残っていたので、ワイプにちょこちょこ現れる魔人のぼる塾さんが面白かった。（AP・広重）

新生ギャルル誕生

（2023/3/30）

今までいくつか「曽根-1GP」のネタの担当をしてきて、スーパーリーチの映像なども試行錯誤しているのを見てきました。その集大成が目の前に広がっているように見えてすごくうれしかったです。それを見たみんなが曲にノっているのも、さらにうれしかった。（AD・中島）

サンドウィッチマンと「アニマルパラダイス」

（2023/3/31）

ネタ終わりにきつねさんが謎のジングルを流して、出演者にキレ散らかされるくだりが面白い。ラッピーが怯えているのも可哀想で面白い。（AD・園田）

三文字しりとり

（2023/4/6）

千鳥の大悟さん率いるゲストチームが何発もビリビリを喰らったシーン。個人的にビリビリ装置を発射する担当でリハーサルのときに失敗してしまい、本番は過去一番緊張しました。（AD・匿名）

おいでやす小田の2週連続「花咲かタイムズ」イジリ

（2023/4/19、26）

花咲か爺さんの衣装を着せられてる小田さんのビジュアルがシンプルに面白いのと、ADを花咲か爺さんのキャラクターとして出す演出が秀逸

だった。（AD・梅山）

ラッピーTシャツを着た
ADにキレる屋敷
（2023/4/20）

「ヘラヘラするな、ADが」と元ADの屋敷さんならではのツッコミが爆発した場面。スタジオのスタッフが一番笑ってたのではないかと思う瞬間でした。（AD・吉田）

くっきー！が相方・ロッシーに手紙を書き、ご本人登場かと思ったら島田秀平が登場
（2023/4/21）

くっきー！さんの真面目な手紙も良かったし、島田秀平さんの気まずそうな感じも面白かった。ロッシーさんを呼ばないのが『ラヴィット！』っぽいと思った。島田秀平さんが気まずそうにしつつも、コットンのおふたりの手相を見ているのも面白かった。（AD・梅多）

オードリー春日が紹介した
「世界一大きい鯛焼き」
（2023/5/3）

初めてあんなに大きな鯛焼きがあることを知りました。（AD・匿名）

見取り図＆さらば青春の光＆
Aぇ！group福本大晴・草間リチャード敬太がUSJを大満喫！
（2023/5/3、5/10）

好きな芸人さんが好きな場所でロケをしていたのが最高。リリーさんのボケのサイコパス感が好きで印象に残ってます。（AD・福村）

押上のスイーツ店
「Mr.Bakeman」からの中継
（2023/5/4）

南波アナの背後でなにかを企む、店長さんの表情が忘れられません。実際は南波アナへの誕生日サプライズを仕掛けていたのですが、映画『シャイニング』のジャック・ニコルソンのように、「このまま南波アナを背後から襲うのでは」と思わせる店長さんの表情は完全に想定外のもので、スタジオで中継を観る出演者のみなさんも総ツッコミ。うれしいハプニングでした。（総合演出・新井）

KARA・ニコル、Aぇ！group佐野晶哉の「ミスター」風食リポで爆笑
（2023/5/12）

そこまで大爆笑するところではないと思っていたのですが、ニコルさんがあんなに爆笑しているのを見てとても面白かったです。（AD・加藤）

アーネスト・ホーストが突きと
蹴りのコンビネーション披露
（2023/5/18）

狙ったところに的確に当てる正確さが現役のころとまったく変わっていなかった。突きや蹴りを狙ったところに正確に当てるのは相当難しいので感動しました。（AD・岩間）

ADの「ギャルル踊ってみた」動画
（2023/5/18）

「曽根-1グランプリ」で、ADのギャルル踊ってみた動画が流れたシーン。まだ入社4日目と日が浅かったこともあり、なにもわからないまま一生懸命踊って大変だったけどすごく楽しかった思い出です。自分が初めて制作に関わることができたんだなと思えた瞬間でした。（AD・匿名）

宮下草薙・草薙のルービックキューブ
（2023/5/26）

ただただ、草薙さんが緊張してルービックキューブができなくなり、あわてふためいている姿がとても面白かったから。（AD・加藤）

マユリカ阪本がBTSジミンに変身
（2023/6/1）

登場した瞬間、思っていたよりもジミンに似ている阪本さんがとても面白かった。また、最後まで

キャラを崩さずなりきっていて、いつもと違う阪本さんが見れてよかった。(AP・広重)

くっきー!のフワフワクイズ
(2023/6/2)

オープニングのテーマが「オススメのフワフワなもの」で、グルメやゲームとさまざまなフワフワしたものを紹介していたが、このコーナーが一番「フワフワ」のテーマに合っていた。パネラーさんたちの回答を、独自の世界観でいなしていくのが面白かった。クイズの答えは「愚地独歩」関連で、まったくフワフワしていなかった。(AD・池田)

本並健治が丸山桂里奈のために歌ったback number「ヒロイン」
(2023/6/5)

1カ月間ボイトレに通い、汗を流しながら先生のスパルタレッスンを受ける姿も見ていたので、感動しました。(D・山野上)

金萬福vsビビる大木・ミキ昴生・インディアンスきむの「びっくり風船時限爆弾山手線ゲーム」
(2023/6/13)

金萬福さんのほうがむちゃくちゃ不利なうえに、明らかに金さんのほうが苦手そうで面白かったです。風船の爆発に驚いてわちゃわちゃしているのもツボでした。(AD・匿名)

おいでやす小田ウィークの日替わりコスプレ衣装
(2023/6/19〜6/23)

視聴者の方から募集した衣装も、小田さんに似合ってるのが面白かったです。(AD・古屋)

Aぇ! group佐野晶哉、コインだるま落としに成功
(2023/6/23)

まさか成功すると思わなかった。その後の草薙さんのスピードもすごすぎた。(AD・中村)

ミキ昴生と川島のケンカ
(2023/6/27)

スタジオを走り回るほどのやりとりになるとは思わず、なにが起こるか予想がつかなかった。SEで強制終了したのも印象的。(AD・匿名)

ネルソンズ和田まんじゅうさんの「わんこそばクイズ」
(2023/6/29)

酢入りそばから進まないシーンが忘れられない。和田さんが食べられなさすぎたところと、裏に苦しそうに走ってきたのが面白かった。(AD・匿名)

カオスオブマスターフレイムのトランプマジック
(2023/6/30)

近くで見ているのになにがどうなっているのかわからなくて、不思議な時間でした。(AD・安田)

番組スタッフインタビュー

『ラヴィット!』の流儀

毎日2時間の生放送という超過密スケジュールで番組づくりに取り組んでいる『ラヴィット!』スタッフ陣。生徒たちが思う存分遊べる『ラヴィット!』という学校は、200人以上のスタッフたちの情熱とハードワークによって成り立っているのだ。楽しいけれどとにかく過酷、『ラヴィット!』ならではのスタッフの流儀に迫る。

ラヴィット!の流儀 1
演 出

対談 新井康孝(総合演出)×山口伸一郎(前・総合演出)

毎日、文化祭が続いている感覚

週5日×2時間、すべての生放送の現場に立ち会い、番組を世に送り出す総合演出。彼らは『ラヴィット!』の現状をどう分析しているのか。番組スタートから1年間、総合演出を務めた山口伸一郎と、昨年4月にバトンを引き継いだ新井康孝に聞いた。

生放送中はリアルタイムでSNSをチェック

――総合演出の仕事とは、どんなものなんでしょう?

新井 プロデューサーの辻(有一)とともに2時間の放送の全部を統括しています。最初の1年は山口、今は僕です。

山口 基本的には毎日オンエアに立ち会って、終わったら川島さんとの反省会や打ち合わせ。午後は翌週分のオンエア内容のチェック。それが終わったら翌日のVTRの仕上げ作業と、一日中『ラヴィット!』に関する仕事をしていますね。

新井 外の天気がわからないくらい、『ラヴィット!』のスタッフルームにずっといます。

――放送時は毎日スタジオに?

山口 番組によっては総合演出がサブ(副調整室)という別の場所にいることもありますが、『ラヴィット!』は必ず総合演出がスタジオのフロアにいるんです。生放送ですから、押したり巻いたりに応じて川島さんとパッとコミュニケーションをとる必要が出てくる。そんなときは、インカムをつけてフロアにいる僕らがやるのが一番早いんですよね。

―― スタジオを見学したとき、CMの時間やニュースの時間に新井さんが川島さんと話している姿を見ました。あれは押したときにどこをカットするかという話をされているんですか？

新井　ほかにも、オープニングの流れをエンディングにもう一度やるかとか、『夜明けのラヴィット！』に回すかという話もしていますね。たとえばオンエア中にSNSで「さっきのビリビリ椅子、誰々がおしりを浮かせていたんじゃないか」なんて指摘があったりすると、CM中に川島さんに見せて「こういうのがあったのでエンディングでちょっとつつきましょう。VTRを出せるようにしておきますね」と話したりして。

―― 放送中にSNSの反響も見ているのでしょうか？

新井　サブにいる『夜明けのラヴィット！』専属のスタッフがSNSをつぶさにチェックしているので、その情報が随時入ってくるんです。今はVARシステム（※）を採用してすぐに検証できるようになったので、SNSの反応に対応していくことが増えました。

―― VARシステムでの確認の対応、本当に早いですよね。

新井　スポーツ中継のシステムを取り入れているので、マスターズなどの大型中継が入ると、VARシステムの機材が足りなくなることもあるんです。

―― そんなに本格的なシステムが取り入れられているとは！

新井　サッカーのゴールを直後にリプレイするのと同じことを行っています。だからいつも「今の瞬間のお笑いにおけるゴールはどこか」を考えながらスタジオを見ています。

生き物のように変化する番組

―― おふたりは今の『ラヴィット！』をどう見ていますか？

山口　僕は番組スタートからちょうど1年で新井にバトンタッチしました。昨年末の『ゴールデンラヴィット！』の演出は担当したものの、基本的には外から見ている状況です。……いや、こんなにも番組が人気を得て、広がっていくとは予想していなかった。うれしいほうに予想が外れたなと思っています。

新井　2年の間にオープニングの時間も伸びて、内容もどんどん変化してきた。「番組って生き物なんだな」と思います。毎日放送する中で「これが面白い」と思ったらそっちに振り切っていけば出演者の方も視聴者の方も喜んでくれる。そうやって日々どんどん番組が成長しているなと思います。

―― 『ラヴィット！』が今の好調に至ったきっかけはどこにあると思いますか？

山口　これまで朝の帯番組は情報制作局が担当していましたけど、『ラヴィット！』は僕らバラエティチームが集められたので、最初は朝の時間帯での戦い方がわからず、手探りで。まずはバラエティの勝ちパターンのひとつである「面白いVTRで視聴率を上げる」という方法で番組をスタートさせたんですよね。だから最初はオープニングもせいぜい5分だったし、スタジオトークの時間もほとんどなかった。いざやってみてうれしい誤算だったのが、川島さんのスタジオを回す能力が僕らの想像を遥かに超えていたことです。もちろん川島さんが優秀だとわかっていてMCを託したわけですけど、ちょっとここまでとは思っていなかった。

新井　川島さんの回すトークは、誰も被害者にならない。スベっても、必ず笑いに変えてくれるのがすごいなと思います。VTRも同じことで、川島

※ビデオ・アシスタント・レフェリー（Video Assistant Referee）。主にスポーツで使用されるビデオ判定システムのこと

さんはVTRを観てポンと放つひと言が的確だし、スベっているところも救ってくれるからスタッフ陣が楽しんでVTRを作れる。だから普通ならカットしちゃうようなところも残してみよう、となるんですよね。

――― それが今の形につながっていった。

山口　そうですね。番組がはじまる前、「軌道に乗るまでは最低1年はかかるだろう」という話をしていたんです。最初はSNSでも「朝からうるさい」とか「すぐ終わるだろう」とか、ネガティブな意見がたくさん目につきました。そんななか最初に注目されたのは、VTRの合間に出していたクイズだったと思います。川島さんのおかげで出演者のみなさんがクイズでのびのびボケるから、クイズが大喜利状態になって「大喜利番組」と言われはじめた。明らかに潮目が変わったのは、スタートして4カ月くらい経った夏休みですね。お子さんや若い人が家にいるから『ラヴィット!』を目にする人もたくさんいて、「『ラヴィット!』面白いじゃん」という意見がもらえるようになったんです。

――― なるほど。夏休みが大きかった。

山口　なんといっても毎日放送していますから、いいところは残しつつ、一日単位でどんどん変化していけるんですよ。

新井　とはいえ、「オープニングが何十分を超えました」と言っていた時期は、我ながら「この番組はどうなっていくんだろう」と思っていました(笑)。ちなみに山口が言った、初期に目玉になっていたクイズも、今はほとんどやっていないんですが、毎日用意はしているんですよ。

判断基準は面白いかどうかだけ

――― 「面白いことをなによりも優先する」というのは理想的にも思えますが、ターゲットやテーマは設定されていないんですか?

山口　最初は30〜40代女性をターゲットとして、「衣食住遊」の4テーマに絞ってやろうとしていました。「プロが教えてくれるお気に入り」というコンセプトを掲げて毎日ランキングをやっていた。だからLove it=『ラヴィット!』だったんですが……。

――― 今は出演者のみなさんの「Love it」を紹介していますね。

新井　そうなりましたね。今はターゲット自体、それほど意識していない気がします。本当に基準は「面白いかどうか」しかない。『ラヴィット!ミュージアム』にしても『ラヴィット!ロック』にしても、普通のTV番組を作っていたら経験できないことがどんどんできるので、日々楽しいですよ。本当に毎日文化祭をやっている感覚。出し物もどんどん増えていきますし。

――― 文化祭と違って番組は毎日続きますが、それでもその楽しさは変わりませんか?

新井　はい。こんなに毎日笑えることってないんじゃないかと思います。毎日スタジオに詰めるのは大変ではありますけど、それを上回るくらい毎日面白いんです。

――― 『ラヴィット!』は今後どうなっていくといいと思いますか?

新井　出演者のみなさんによって育っていくし、なにか面白いことが起きたらどんどん変化していく番組なので、どうなるか本当にわからないですね。つらいニュースがあったときも、『ラヴィット!』さえつけたら笑っていられる番組ではあり続けたいと思います。

山口　今の状態も、べつに最終形態でもなんでもなくて、今後も変化し続けていくでしょうね。ただ、「日本でいちばん明るい朝番組」というところだけは、ブレずに続いていくんだろうなと思います。

対談 鈴木貴晴(木曜日プロデューサー)×床波芳孝(木曜日演出)

出演者の「やりたい」を具現化する

釣木文恵=文

曜日ごとの班に分かれて番組づくりをしている『ラヴィット!』。各曜日のプロデューサー、演出担当は出演者と綿密なコミュニケーションをとりながらロケ収録や生放送に臨んでいるという。「ニューヨーク不動産」や「嶋佐Oasis」を生み出した木曜日を担当するプロデューサーの鈴木貴晴、演出の床波芳孝が語る『ラヴィット!』スタッフならではのこだわりとは。

スタジオのツッコミから VTRの編集を考える

――まずはおふたりがどんなスケジュールで動いているか、教えてください。

鈴木 僕は今、12月放送予定の企画内容やキャスティングを考えています。ただ、その内容がぐっと具体的になるのはだいたい放送の1カ月半前で、ロケは約1カ月前ですね。オープニングも同じく1カ月半先のテーマを決めて、直前まで細かいところを詰めていきます。

床波 僕は先々のラインナップが決まったら1カ月先の台本をチェックしたり、2～3週間後に放送されるVTRチェックを行っています。

――『ラヴィット!』の企画を立てるときは、どんなことを意識していますか?

床波 TVって普通、視聴者がなにに興味を持っているかを一番大切にすると思うんです。でも『ラヴィット!』の場合は、スタジオの出演者がいかに喜んでくれるかを気にして作っている。出演者が沸いてくれたら視聴者も楽しんでくれるはずだと、まず出演者のことを考えています。

鈴木 床波をはじめディレクター陣は放送当日はバタバタですから、プロデューサーである僕が出演者を朝迎えて放送後に送り出すまで、みなさんと雑談をするようにしています。ロケ先ひとつ選ぶにしても、たとえばニューヨークのふたりがなにをやりたいか、NON STYLE石田さんがなにをやりたいかを聞いて反映できたら、ロケテンションも変わるじゃないですか。やらされていることよりも、自分からやりたいと言ったことのほうが絶対に面白いものになりますから。

床波 僕は放送当日に出演者と直接雑談することが鈴木ほどは多くない代わりに、VTR終わりでスタジオのみなさんが感想を話す時間をすごく大切にしています。いつもだいたい1分ないくらいで、すごく短い。でもそこでみなさんが言ったことを次のロケに全部持っていくようにしているんです。「あの話題くだらなかったな!」と言われたら、直後のロケでも同じ感じで仕掛けてみたりする。

鈴木 僕ら木曜班は、あまりロケを撮り溜めしないんですよ。だいたい生放送が終わったらそのままロケに行くということが多いです。すると「あの部分、数時間前にスタジオで川島さんがかなり笑ってたよね」という流れを汲んでロケができる。その新鮮さは大事にしています。

床波 その流れを取り入れることで、出演者にも「僕らのコメント、ちゃんと理解して拾ってくれてるんだ」と思ってもらえるし、また次のスタジオが湧くんです。

鈴木 VTRはそれだけで完成しているのではなくて、生放送の川島さんや石田さんのコメント込みのパッケージという意識ですね。2年間の経験で「こんなVTRを作ったら、川島さんとか石田さんがこうツッコミを入れてくれてスタジオが盛り上がるかな」というのは意識しています。たとえば『本気(マチ)肉調査隊』でも、漫才のトップをとったふたりなだけあって、マヂカルラブリーがそれまでの流れを踏まえて現場でボケてくれるんです。そういうロケができると、僕らスタッフの考えとマヂラブのおふたりの方向が一致しているな、とうれしくなりますね。

嶋佐Oasisが『ラヴィット！』を変えた

――― オープニングについても聞かせてください。『ラヴィット！』では、オープニングの盛り上がりに応じてその場で構成を調整していくと聞いたのですが、その対応はどのように行われているんですか？

床波　その調整は、木曜ならば僕が担当しています。たとえばオープニングが5ネタあったら、それぞれ何分くらいという見積もりは事前にしていて、台本にも書き込んであるんです。でもやっぱりだいたいは押すので(笑)。まずはオープニングの中で用意していたネタのボリュームを軽くしたり、ネタごと落としたりで時間を作ります。それでもまだ足りない場合、最後の決断としては、VTRを作ってもらっている人に申し訳ないんですがVTRを削っていく。それは各曜日のチーフディレクターがやっていることだと思います。

――― 木曜といえばやはり『ラヴィット！ロック』開催のきっかけとなったニューヨーク嶋佐さんのOasisが印象深いですが。

床波　あの日は、オープニングで横田真悠さんのお誕生日を祝う回だったんですよね。木曜班としてはあまり経験のなかったお祝い回、しかも芸人さんではなく横田さんということでしっかり盛り上げたいと思っていたところに、あの嶋佐さんのパフォーマンスがあった。

鈴木　もとをたどれば、あれもVTRからの派生なんです。ほかの曜日はどうかわからないけど、僕らはみなさんがボケたところはなるべく使うようにしてるんです。だからニューヨークのロケで、ドライブ中に嶋佐さんがOasisの曲を熱唱していたところも使った。

床波　嶋佐さんが歌っているシーンは、毎回必ず残していたんですよね。

鈴木　それをオンエアで観た嶋佐さんも、なにかを感じ取ったと思うんですよ。嶋佐さんのほうから「横田さんの誕生日にあれを歌おうと思う」と言ってくれたんだよね。

床波　そうだったと思います。最初、嶋佐さん本人はひとりで歌うつもりだったんですよ。でも本物のアーティストのようにバンドを背負って歌ったほうが盛り上がるんじゃないか、というお話を2週くらい前にした記憶があります。それまで、生放送で生演奏をやるという発想自体が『ラヴィット！』のスタッフにはなかった。それが、嶋佐さんのOasisをやってみて、生放送中でも2、3分あればセッティングできて、1分あれば撤収できるという前例が作れたんです。結果、1カ月半後にサンボマスターさんを呼んで番組テーマソングの「ヒューマニティ！」を歌っていただくことができた。嶋佐さんのあの一歩は本当に大きいですよ。嶋佐さんのOasisは『ラヴィット！』の新しい扉を開いてくれました。

――― 今、週に何度もスタジオ生演奏があることを考えるとかなり大きな変化ですね。

床波　はい。生演奏はほかの曜日にバッと広がりましたね。嶋佐さんの貢献って本当に大きくて、ほかの曜日でもやっている「爆買い」も、「ニューヨーク不動産」で引っ越して新居に必要なものを爆買いしたのがはじまりですから。

鈴木　あれはガチで本人に払ってもらっていますしね(笑)。

長くやっているからこその信頼関係

――― 『ラヴィット！』では、オープニングや

VTRでさまざまなゲストが登場しますよね。キャスティングの基準は？

鈴木　たとえば囲碁将棋さんをVTRで起用したら、仲がいいニューヨークさんが必ずスタジオで反応してくれるじゃないですか。その関係性は、普段ライブを観ている人は知っていても、視聴者はあまり観たことがないから新たな発見になる。これは『ラヴィット！』らしさのひとつかもしれませんね。

――― 川島さんが「TVが今終わりました」とコメントした女性ふたりのお笑いコンビ、いちばんかわいいが出演したのも木曜日でしたね。

床波　いちばんかわいいは、屋敷さんが何度もアンケートに書いてくれていたんですよ。ただ、未知数すぎて僕らも最初はさすがに悩みました。けれど、あの日のオープニングテーマが「常識を覆したもの」だったんです。

鈴木　「これならピッタリかな」ということで本隊に提案しました。

床波　ただ、屋敷さんに「出演はしてもらいますから、面倒は見てください」とお伝えはしておきました（笑）。

――― 逆に、レギュラー陣は番組スタート以降、2年以上変わりませんね。

床波　長く一緒にやっているからこそ生まれる信頼関係とか、見せてくれる顔とかは確実にあると思います。たとえばギャル曽根さんはたくさんTVに出ていますけど、ほとんどはご飯を食べる姿ですよね。『ラヴィット！』では歌ってますから。彼女をアーティストと捉えているのは木曜『ラヴィット！』だけだと思います（笑）。あれこそ、長くレギュラーが変わらないからこそ生まれた流れで。彼女のカラオケ好きを継続して取り上げていったことが『ラヴィット！ロック』にもつながったんじゃないでしょうか。

鈴木　ここまで長くレギュラーが変わらないと、各曜日のスタッフと出演者の関係がかなり強固になっているんですよね。もし今後、出演者の曜日シャッフルがあったりしたら、スタッフごと変えてもらわないと……なんて心配もしています。

床波　それぞれの曜日で作り方自体もかなりバラバラだと思うので。

鈴木　それはレギュラー以外の出演者でも同じことで、たとえばきつねさんを活かすのは金曜スタッフが一番上手だと思いますし。

――― 曜日ごとに独自の進化を遂げているんですね。毎日2時間の生放送に加え、4月からは『夜明けのラヴィット！』もスタートしました。スタッフのみなさんもかなりハードだと思いますが、そんな中でモチベーションはどこにありますか？

鈴木　楽しいから、ですね。

床波　正直、ものすごく大変ではあります。ゴールデンタイムの番組づくりよりも大変かもしれない。それでも自分たちがやったぶんだけ反響があるので。『ラヴィット！』という話題になる番組をやれているというプライドと感謝とやりがいが、僕だけでなくスタッフにもあると思います。頑張れるモチベーションがある。

鈴木　TVって、視聴者の姿が直接は見えないことが多い。でも『ラヴィット！』は、TVにしては珍しく、具現化して見えるんですよね。『ラヴィット！ミュージアム』の行列もそのひとつです。この前『ラヴィット！ロック』をやる代々木第一体育館に行って、初めてステージからあの空間を見たら感動してしまって。僕らが普段の放送で嶋佐さんと一緒にやったあのOasisが、こんなどデカい場所で1万人の前で具現化されるんだと思ったら、やっぱりやりがいを感じますよ。嶋佐さん、すごい会場で歌うこと、わかってるのかな？（笑）

ラヴィットの流儀 3
新たな挑戦

インタビュー 辻 有一(プロデューサー)

誰かの「好き」を否定しない

『ラヴィット!』の今までの歩みは、この人の存在なしには語れない。立ち上げから現在に至るまで、番組に関わるすべてを取り仕切ってきたプロデューサーの辻有一。番組開始当初は数々の批判も浴び、出演者やスタッフがつらい思いをするところも間近で見てきた。局の看板を背負った帯番組の重責に耐え、大きく成長を遂げた『ラヴィット!』の歩みを語ってもらった。

日々、不安しかない

―― 辻さんは、今の『ラヴィット!』をどう見ていますか。

辻 立ち上げのころのことを考えると、今こんなにたくさんの人に愛していただいているのはとても感慨深いです。ただ正直、僕自身は「毎日楽しく作ってます!」という感じではなくて。これだけ多くのタレントさんと200人以上のスタッフが携わっている番組ですし、会社にとっても帯番組というのは大きな面積を占める重い存在ですので、その重責を担っているという気持ちがあって一度も心が休まったことはないです(笑)。『夜明けのラヴィット!』も含めて週12時間の放送は本当に大変で、日々「明日のオンエアの企画はどうしよう、明後日のオンエアのキャスティングはどうしよう、次はなにをやったらいいだろう、年末はなにをしよう」と不安しかない。『ゴールデンラヴィット!』も『ラヴィット!ミュージアム』も『耳心地いい-1グランプリ』、『ラヴィット!ロック』も、もう必死でアイデアをひねり出しています。

―― 今挙げていただいたものを見ても、『ラヴィット!』は常に新しいことにトライしているイメージがあります。

辻 新しいものは徐々に飽きられていきますからね。番組開始当初は「朝の2時間生放送のバラエティ番組」自体が新しかったけれど、今は普通になっている。だから新しいことをどんどんやっていかないと。たとえば出演者がTVで発言したこと、夢見たこと、さらには視聴者がSNSで発信したことを具現化していくのは予期せぬ展開を生んで、作る側も、演者や視聴者の方もワクワクすると思うので、そこは大事にしたい。そうすることでみなさんに『ラヴィット!』を好きになってほしいという思いもあります。

―― 日々の放送でも朝番組の常識に囚われないコーナーやキャスティングがたくさんあります。『ラヴィット!』はどこまでをよしとするか、その基準はどう考えていますか?

辻 自分でも言語化できていなくて、自分の感覚としか言いようがない。ただ、常識を覆してやってきた番組なので、それすらも常に疑うようにはしています。でも、大前提として誰かが「好きだ」というものを否定しないようにしてはいます。番組タイトルにもあるように、誰かが好きだというものがあったら、それを堂々とプレゼンしてもらう。それによって周りの人が「これはこんなに素敵なものだったんだ」と思えたり、今まで見えていなかったものが見えてきたり、爆発的に面白くなったりする。その発見こそが、この番組の精神だと思っています。

『ラヴィット!』という番組名を堂々と言えるように

―― 2年の間に番組がどんどん変化していま

すが、レギュラーのみなさんがそれに対応しているのがすごいですね。

辻　それは本当におっしゃる通りで。僕ら自身、最初に思い描いていたものとはまるで違う番組になっていますからね。それに対応してくださる出演者の方には感謝しかないです。2年前は矢田亜希子さんがビリビリ椅子をやるなんて誰も思っていなかったはずですから。そこを一緒に面白がってくれるというのは本当にありがたいです。

―― 番組開始から2年以上、レギュラーメンバーに入れ替わりがないのは珍しいですね。

辻　僕自身は曜日プロデューサーに比べると各曜日の出演者のみなさんと直接の接点はあまり持っていません。でも、すごく苦しかった立ち上げの時期をともにしてくれた出演者の方に対してはレギュラーではない方も含めて戦友のような感覚があるし、感謝もしている。だから今のところ、同じメンバーで番組を成功させたいと思っています。

―― 立ち上げ時期はそんなにも苦しかった？

辻　視聴率的にも、SNSでの評判やネットニュースでの取り上げられ方もかなり厳しかったので。そんな番組でも寝る間を惜しんで一生懸命働いてくれているスタッフのことを考えると苦しかったし、常にいたたまれない気持ちでいました。だから、いつかはスタッフが自信を持って周りに「私、『ラヴィット！』やってます」と言えるような番組にしたいというのは僕の中の裏テーマでした。やっぱりどんな若いスタッフでも自分の仕事、自分の番組に誇りを持ってほしいですから。それはもちろん出演者の方に対しても同じで、「私、『ラヴィット！』のレギュラーです」と堂々と言ってもらえる番組になればいいと思ってやってきました。

―― それは今、かなり達成されつつあるのではないでしょうか。

辻　たしかに、そうだとうれしいですね。たとえばスタッフがお店への取材交渉で番組名を名乗ったときの反応がだいぶ変わってきたと思います。ADの子たちが恥ずかしそうに番組名を伝えている姿を僕は何度も見ているので、それはうれしいですよ。出演者に関しても、みなさんに「『ラヴィット！』に出てよかった」と思って帰ってほしいというのが川島さんとスタッフ全員の思いで。でも生放送では拾いきれないこともあって、それは気になっていたんです。今、『夜明けのラヴィット！』がそこをすくう受け皿になっているのはいいことだなと思いますね。

―― 番組の風向きがよくなってきたタイミングはいつですか？

辻　劇的に変わったという感覚はあまりないんですが、初年度の夏休みを経て徐々に上向きになって、「面白いね」と言われることが増えてきた感覚はありますね。『クイック・ジャパン』が番組の特集を組んでくれたのも、1年目の冬でしたよね？　あのあたりまではネガティブな記事しかなかったけれど、あの特集をきっかけにポジティブな取材もしていただけるようになった気がします。大きかったのはやはり『水曜日のダウンタウン』で藤井健太郎さんに番組をイジってもらったことで。あれによって知名度は爆発的に上がったと思います。

―― これからの『ラヴィット！』はどうなると思いますか？

辻　僕ももう2年半やってきたので、いつこの番組を離れて後任に託すことになるかわからない。そうなっても、2年前まではなかった、この「日本でいちばん明るい朝番組」がこの先も文化として根づいて、朝の視聴者の方の選択肢として残り続けたらいい。ただただ明るくて面白いという朝の時間をみなさんに提供し続けられたらいいなと思います。

魅力を解説！

曜日コーナー ジャンル別MAP

オープニングトーク後にレギュラー以外にもさまざまなゲストが出演するコーナーは、まるで『ラヴィット！』の部活のよう。グルメやファッションの流行スポットなどに出かけたり、出演者の特技を活かした企画に挑戦したり……。番組を支える曜日コーナーを、ジャンルごとに一挙解説！

グルメ系

ぼる塾の芸能界スイーツ部

放送曜日 **月** | 初回放送日 2021/5/31

Borujuku no Geinōkai Sweets bu の頭文字を取って略称は「BGS」。部長というよりボスになりつつある田辺智加が食べたい話題のスイーツを巡る。豪遊っぷりが痛快なデパ地下惣菜部(BDS)も不定期で開催。自由な発言を連発するきりやはるかと田辺の小競り合いはお約束。

インディアンスのお悩みぶっ飛びレストラン

放送曜日 **火** | 初回放送日 2023/6/13

インディアンスが悩みを抱えたゲストを迎え、食べれば悩みもぶっ飛ぶほどの衝撃グルメを堪能。最後は訪れた店のぶっ飛び度を田渕章裕の持ちギャグ「ぃやぁっとぅー！」の数で評価する。

見取り図の安くてウマくて〇〇な店

放送曜日 **水** | 初回放送日 2021/6/2

見取り図が記者となって東京近郊の安くてウマい店に潜入捜査。「〇〇な店」というキャッチフレーズを考え、店主に選んでもらう。料理名だけでは想像がつかない世界のグルメを調査する世界グルメSPもたびたび放送。突然、理髪店に入ってツーブロックになったり、スーツのままシャワーを浴びたりするリリーの奇行が見どころ。

コットンの新カラデミー賞

放送曜日 **水** | 初回放送日 2023/1/11

辛い物好きのコットンが激辛料理を巡る。初回で訪れた店があまりにも辛すぎたため、2回目からは旨辛グルメを扱う内容にリニューアルされた。

男性ブランコの愛愁食堂

放送曜日 **木** ｜ 初回放送日 2023/6/29

「ぶらりんこ旅」として旅ロケを行ってきた男性ブランコの最新冠コーナー。哀愁漂うふたりが、どこか懐かしさが漂う愛愁食堂へ。そこで長年愛されている看板メニューを味わう。平井まさあきが撮影する哀愁の権化・浦井のりひろのポラロイド写真が最高！

マヂでウマい肉を徹底調査 本気肉調査隊

放送曜日 **木** ｜ 初回放送日 2022/4/21

探検家風の格好をしたマヂカルラブリーがマヂでウマくて、マヂでヤバい焼肉店を徹底調査。試食をかけたゲーム対決では、ゲストが女性アイドルであろうと本気で挑む。オープニングで披露している寸劇は回を重ねるごとにクオリティが上がっている。

ロコディの噂の激ウマうどんリポート

放送曜日 **金** ｜ 初回放送日 2023/6/9

『M-1グランプリ2021』のネタ中に出てきた「肉うどん!?」のフレーズでトレンド入りもしたロングコートダディが人気のうどん店へ。まったく味が伝わらない兎の食レポがとにかく変。

全国アンテナショップグルメ 曽根-1グランプリ

放送曜日 **木** ｜ 初回放送日 2021/12/16

ギャル曽根が東京近郊にあるアンテナショップを訪れ、そこで販売されている人気グルメを試食。その中からNo.1ご当地グルメを決定する。試食中のBGMはギャル曽根が所属していたギャルルの「Boom Boom めっちゃマッチョ！」。スタジオではギャル曽根のリアクションなどをヒントにどれをNo.1に選んだかを予想する。

EXITのテンション アゲアゲグルメ

放送曜日 **金** ｜ 初回放送日 2023/3/10

テンションがアゲアゲになるようなグルメをEXITがそれぞれ紹介し、どちらのエスコートでテンションがアガったかをゲストに判定してもらう。不意に出てしまうりんたろー。のキモ言動には要注意。

東京ホテイソンの夜明けのグルメ

放送曜日 **金** ｜ 初回放送日 2022/2/4

夜明け前（早朝）から営業している飲食店へ。2023年5月には「スターの夜明けグルメ」として東京ホテイソンの事務所の先輩でもあるサンドウィッチマンがゲスト出演し、下積み時代を支えてくれた絶品激安グルメを紹介した。

ファッション系

アインシュタインのプチプラ変身メイク

放送曜日 **火** ｜ 初回放送日 2021/9/21

芸能人のメイクに関する悩みをメイクのカリスマ・河北裕介がプチプラコスメを使って解決。最後にゲストとアインシュタイン・稲田直樹がミニコントを披露するのが恒例。

アルコ＆ピースのお悩みアナウンサー変身計画

放送曜日 **火** ｜ 初回放送日 2022/4/19

TBSおよび系列局のアナウンサーの私服やヘアメイクに関する悩みを解決する。B'z 稲葉浩志のモノマネでお馴染み南波雅俊アナウンサーはこれまで4度出演し、毎回大変身を遂げている。

トレンド系

なすなかにしのおじさんに教えて！

放送曜日 **月** | 初回放送日 2022/2/3

おじさん世代の代表・なすなかにしが若者人気獲得のため、イマドキZ世代から最新ファッションやトレンドアイテムなど流行を学ぶ。逆にふたりのロケ技術はZ世代の学びになるものばかり。

すゑひろがりずの最新東京見聞録

放送曜日 **水** | 初回放送日 2021/10/13

すゑひろがりずが東京の最新のトレンドを巡る。最新スポットの眩しさと袴姿のふたりの渋さはミスマッチだが、それがいい。ロケ中は「ゴーゴーカレー＝五つ飯」など和風変換も連発する。

ショッピング系

ぼる塾の自由時間

放送曜日 **月** | 初回放送日 2022/2/28

Borujukuno Jiyu Jikanの頭文字を取って略称は「BJJ」。買い物をする時間もないほど多忙なぼる塾が自由に買い物や食事を楽しむ企画。「BGS」よりもさらに自由な3人が観られるこのコーナーでの食事はフードコートが定番。食べたいものは全部食べるのがぼる塾（田辺）流！

ニューヨーク不動産

放送曜日 **木** | 初回放送日 2021/8/12

不動産会社のリサーチ協力を受け、最新の賃貸住宅事情を紹介しながら実際にゲストの新居を探す本気の引っ越し企画。初回は嶋佐和也が高円寺の5万6千円のアパートから中目黒の22万5千円のマンションへ引っ越し。その後、男性ブランコ、インディアンス田渕章裕、オズワルド伊藤俊介、ZAZYがこのコーナーで新居を決めた。

旅系

トータルテンボスのいたずらツアー！

放送曜日 **月** | 初回放送日 2022/8/15

トータルテンボスがもう中学生らゲストとともに、絶叫マシンがあるレジャー施設を旅する。しかし、藤田憲右ともう中は絶叫マシンが苦手。特に乗車を逃れようとするもう中は普段は見られない顔になることも。ロケ中は、大村朋宏が藤田にいたずらを仕掛けるのもお約束。

かが屋の絵になる写真旅

放送曜日 **火** | 初回放送日 2023/3/14

2022年11月1日（ダーツの日）にゲスト出演した際、加賀翔がダーツを成功させたことにより実現した企画。カメラ好きで知られる加賀が賀屋壮也とゲストを撮影しながら全国を旅する。

太田＆近藤夫妻のラヴィット！トレッキング部

放送曜日 **金** | 初回放送日 2023/2/10

太田博久と近藤千尋が週末に家族で楽しめる山々を巡る。DIYを行う「ラヴィット！ハウス」より、草薙航基が文句を言い出す「駄々こねなぎぼぉ奮闘記」が継承されている。

さんぽ系

モグライダーのモグ散歩

放送曜日 **月** ｜ 初回放送日 2022/9/12

懐かしいもの好きだというモグライダーがレトロ感あふれる商店街を巡り、その魅力を再発見する。ゲストを迎えるコーナーが多いなか、モグ散歩はこれまでゲストの出演がない。

くっきー！パパの公園へ行こう

放送曜日 **金** ｜ 初回放送日 2022/2/11

くっきー！が日本の父親代表としてゲストとともに、家族で楽しめる公園を訪れる。番組終了の危機に追い込んだきつねの「アニマルパラダイス」が誕生したのはこのコーナーロケ。

ビビる大木の若者に教えたい！レトロ放浪記

放送曜日 **火** ｜ 初回放送日 2023/6/20

番組開始時からのレギュラーながら、3年目にしてやっとはじまったビビる大木のロケ企画。大木が若者にレトロの良さを教えるという名目で、レトロなスポットを巡り、最後は大木が自ら作成したポエムを朗読。初回は「レトロ喫茶の楽しみ方」をレクチャーした。

その他

アルコ＆ピースのオフロシュラン

放送曜日 **水** ｜ 初回放送日 2022/3/16

サウナ好きな酒井健太とスーパー銭湯好きな平子祐希が話題のサウナやスーパー銭湯を調査。Aぇ! groupの福本大晴と草間リチャード敬太は初回から出演しており、毎回体を張った寸劇につき合わされている。調査後は酒井が星の数でその施設を評価する。

あなたのために試していきますお試しSnow Man！

放送曜日 **火** ｜ 初回放送日 2021/11/2

Snow Man・宮舘涼太と佐久間大介が相当な体力を必要とするレジャー施設やアクティビティなどを訪れ、体を張ってお試し。ロケには毎回、「ロケの師匠」と称して芸人を迎える。コーナー名は略して「#ためスノ」。

宮下草薙のゲーム同好会

放送曜日 **金** ｜ 初回放送日 2022/2/18

ボードゲームを300種類以上持っている宮下兼史鷹が、草薙航基やゲストとともに週末におすすめのボードゲームで楽しむ。ロケ地は池袋のボードゲームカフェが定番となっている。

『ラヴィット！』大辞典 第二版

数々の名言やオリジナルワードを生み出してきた『ラヴィット！』の番組用語大辞典。
これさえあれば、初心者の方も明日から番組を楽しめます！ 梅山織愛、釣木文恵、山本大樹＝編集

あ行

赤荻歩アナウンサー／2004年にTBSに入社したアナウンサー。番組では主にゲーム対決などで実況を担当している。

赤坂サイファー／水曜レギュラーの見取り図を中心にアルコ&ピース、すゑひろがりず、ロングコートダディで結成されたHIP HOPグループ。代表曲は梅田サイファーから楽曲提供を受けた「Love it Wednesday」。

朝ドラ俳優／おいでやす小田が2021年11月1日 から2022年4月8日まで放送された連続テレビ小説『カムカムエヴリバディ』（NHK）に森岡新平役で出演が決定し、裏被りを避けるためにしばらく出演できないという事態に。朝ドラでの出演が終わり、番組に復帰すると小田は俳優として扱われるようになった。

明日があるさ／1963年12月1日発売された坂本九のシングル。その後、ダウンタウン、ココリコらによって結成された音楽ユニットRe:Japanがカバーし、ウルフルズとのコラボレーションで『NHK紅白歌合戦』にも出場した。番組では2023年1月30日の放送にRe:Japanのメンバーである遠藤章造がゲスト出演した際、本並健治が「家族で楽しめるオススメのもの」としてこの曲を紹介。スタジオ全員で合唱した。

熱海別荘／ジャングルポケット太田博久＆近藤千尋夫妻が、静岡県熱海市で580万円で購入した別荘。番組ではこの住宅をDIYにより改装するプロジェクトが夫妻の冠コーナーとして放送された。

アニマルパラダイス／きつね考案のゲーム。動物のグッズを身につけ、音楽に乗って踊りながら、自分がなりきっている動物の自己紹介を行う。ムチャ振り要素が大きく、その難易度の高さから放送事故が生まれることが多い。

あのちゃん／2021年10月20日に放送された『水曜日のダウンタウン』での「『ラヴィット!』の女性ゲストを大喜利芸人軍団が遠隔操作すれば、レギュラーメンバーより笑い取れる説」で遠隔操作をされていたタレント。あのちゃんの特徴的な話し方によって、大喜利軍団の狂気的な回答も最後まで怪しまれなかった。

阿部寛／2022年1月14日にゲストとして出演した俳優。その際、阿部のものまねをするラパルフェ都留拓也も登場したことで、ふたりの阿部寛が画面に並んだ。2022年の「MWL」で4位にランクイン。

イメージダイブ／ワラバランスの盛田シンプルイズベストによる特技。相手がイメージしたことを読み取って、言い当てる。これまで、山田涼介や橋本環奈、深田恭子などゲスト出演した俳優陣もダイブされている。

腕時計／番組内でたびたび出演者が大金を使って購入している。2022年1月27日放送回では、ニューヨーク・屋敷裕政がA.ランゲ＆ゾーネの345万円の高級腕時計を、2023年7月26日にはさらば青春の光・森田哲矢が488万円のロレックスの腕時計を購入した。

占いコーナー／番組初期に行っていた答え合わせがある占いコーナー。答え合わせはその日、一番運がいいと占われた人がラッキーアイテムを持ってサイコロを転がして行う。

浮気／配偶者や婚約者などがありながら、別の人と情を通じ、関係をもつこと。近藤千尋が行ったことのある飲食店などを紹介する際、夫の太田博久が知らないお店が出てくると浮気を疑う。

エアホッケー／スマッシャーと呼ばれる器具を使い、盤上でプラスチックの円盤を打ち合い、相手ゴールに入れて得点を競うゲーム。『M-1グランプリ』や『キングオブコント』など賞レースの翌日、優勝者と準優勝者がリベンジマッチとしてエアホッケーで対決するのが番組の恒例。

『Nスタ』／同じスタジオを使って月曜から金曜、午後3時49分から生放送している報道番組。『ラヴィット!』ではスタジオで調理を行うことが多いため、『Nスタ』放送時までスタジオに匂いが残っていることが多いという。2023年3月15日には『Nスタ』キャスターのホラン千秋が直接、クレームを伝えに来た。

MWL／「もっとも　忘れられない　ラヴィット!」の略。毎年年末に対象を発表しており、受賞者にはトロフィーが送られる。2021年は9月13日の放送で日向坂46・松田好花が大号泣した回、2022年はサンボマスターが番組テーマ曲「ヒューマニティ!」を生披露した8月11日の放送回が選ばれた。

エンディング／オープニングとは違い3分程度。川島明が「ご覧いただきありがとうございました。今日も楽しく動き出していきましょう。せーの、ラヴィット!」と言っ

●本辞典はこれまで『ラヴィット！』に登場してきた代表的な事柄や人物、名言についてまとめた用語解説集です。

たあと、全員でラヴィット!ポーズをする。

大木劇団／火曜日のオープニング内に即興で行われる演劇。ビビる大木がテーマに関連した台本を用意し、生放送で出演者を発表し、即興で披露する。2023年7月現在、12作品が上演されている。

おだみょん／おいでやす小田があいみょんの「裸の心」を歌ったことからできたあだ名。

おはよう沙莉／オズワルド・伊藤俊介が妹で俳優の伊藤沙莉に向けて発表するプレゼントキーワードシリーズ。これまで、「明けたね沙莉」「ごめんね沙莉」などを発表しており、伊藤沙莉がゲスト出演した際には「おまたせお兄ちゃん」というキーワードを送った。

オプティマスプライム／2022年8月8日のオープニングトークで男性ブランコ・浦井のりひろが紹介したロボットのおもちゃ。「ヘイ!　オプティマスプライム」と声をかけると、トラックから人型へ変形する仕組みになっているのだが、浦井の声にはまったく反応しなかった。

オープニング／「おはようございます。○月○日○曜日の『ラヴィット!』。MCの麒麟・川島明と、TBSアナウンサー・田村真子です!　よろしくお願いします!」というMCふたりの挨拶ではじまる。その後、その日のテーマに合わせて、出演者が食べ物やゲーム、人物を紹介し、トークを展開していく。番組開始時は10分ほどだったが、現在では9時前後まで約1時間にわたりオープニングトークを展開している。

おもしろ4文字／滑り台などのアトラクションを滑り終わったあとに発表される面白い4文字。2022年2月23日放送のロケで、すゑひろがりず・南條庄助が発案した。芸人だけでなくアイドルなど多くの出演者が挑戦しているが、実際に面白くできた人はほとんどいない。

オールスター感謝祭／TBSで年に2回生放送されている大型クイズ・バラエティ番組。正解数と回答までの時間で優勝者を決める。これまで番組代表として出演した屋敷が2022年秋に、川島が2023年春に総合優勝を果たしている。

か行

ガオ〜ちゃん／吉本興業所属のお笑い芸人。リズムに合わせて、肉の名前なら「ガオ〜」、野菜の名前なら「パオ〜ン」、お題ならお題に合ったものを言う「ガオパオゲーム」の考案者。

カレンダー／番組の肝である出演者の名前やオープニングトークのテーマ、VTRの内容が書かれた巨大ホワイトボード。TBS内の「W52会議室」にはホワイトボードの壁があり、そこに予定が書きこまれている。「ラヴィット!ミュージアム」にも展示されていた。

カンペ／スタッフが台詞や進行に関する指示を出演者に伝えるために掲げる指示書き。番組ではクイズが大喜利になりすぎて時間がなくなると、「早く正解して」などというカンペが出される。

きしたかの／マセキ芸能社に所属するお笑いコンビ。番組ではドッキリのターゲットとして出演することが多く、高野正成は出演を聞かされていないことがほとんど。

ギネス世界記録／世界一の記録を「ガイドライン」と呼ばれる基準に従って認定する組織。番組では2022年6月7日に火曜日レギュラーを中心に「新聞紙で人を包む最速の時間」に挑戦し、2回の失敗を経て、1分21秒42のギネス世界記録を達成した。なお、失格となった理由は川島による新聞紙を破って使用するという反則行為によるもの。

逆ニッチェ／真空ジェシカ・川北茂澄によるギャグ。ニッチェ・江上敬子の顔と特徴的な両サイドの髪の毛の塊が逆になったお面をつける。2022年2月2日の放送で初登場した際にこのギャグを披露するも、この日の代理MCだった柴田から説教を受けた。

逆バズーカ／2023年7月5日の放送でアンタッチャブル柴田英嗣が「憧れているもの」として、『天才・たけしの元気が出るテレビ!!』の早朝バズーカをきしたかの高野に仕掛けるも、噴射口が逆を向いており、壁に向かって発射してしまった。川島から「本家でも観たことない映像」と言われる事態に。

ギャラクシー賞／放送批評懇談会が、「日本の放送文化の質的な向上」を目的として、「放送局や制作者など製作側からの応募作品」、「会員からの推薦作品」という2つの審査対象の中から優秀番組・個人・団体を顕彰する賞。番組では2023年1月度月間賞を『ゴールデンラヴィット!』で受賞した。

ギャルル／2007年に「Boom Boom めっちゃマッチョ!」でデビューした女性アイドルグループ。メンバーはぁみみ(時東ぁみ)、そねね(ギャル曽根)、あべべ(安倍麻美)の3人。2023年3月30日の放送では、あべべに代わりAKB48本田仁美が「ひぃぃ」として加わった。

クイズ ラヴィット9／曜日対抗企画として、番組初期に行われていたコーナー。9つの商品からひとりにつき1商品が指定され、それが指定された値段より高いか安いかを解答していく「値段見極めクイズ」や、9つの商品のそれぞれの値段の一部分が空欄となっており、そこに1〜9の数字を当てはめていく「値段当てクイズ」があった。

クジャク札／「ニューヨーク不動産」で新居探しをしていたインディアンス・田渕章裕が、「住む」「住まない」の代わりに「クジャクー」と言ったことで作られた札。

暮らしのキッチン便り／主に「ラヴィット!ランキング」内に登場するコーナー。プロが考案したアレンジレシピをおいでやすこがが試す。調理は主にこがけん、おいでやす小田は試食を担当する。

クラッカー／番組放送○回記念などのお祝いごとがある際、たびたび登場し

●本辞典は2021年3月29日の初回放送から2023年7月31日の放送をもとに作成しました。

ている。2022年10月27日の400回記念の際には、巨大クラッカーが登場するも、ロックがかかってしまい、鳴らないという事態が発生した。

グランドスラム／月〜金の全曜日すべての出演を達成すること。「スタジオのみで全曜日出演」と「ロケのみで全曜日出演」の2種類がある。2023年7月時点の達成者はスタジオ9組（オードリー春日俊彰、さらば青春の光森田、なすなかにし、おいでやす小田、ロングコートダディ、モグライダー、コットン、インディアンス、霜降り明星せいや）、コーナー3組（なすなかにし、伊原六花、藤本美貴）。

激アツリーチゲスト／「ニューヨーク不動産」で家探しをしている芸人の引っ越し先が決まりそうなとき、VTRに大物ゲストが登場すること。ニューヨーク・嶋佐和也のときは武藤敬司、ZAZYのときは小林幸子、男性ブランコ・浦井のときはシティボーイズの大竹まこと、男性ブランコ・平井まさあきのときはラーメンズ片桐仁が出演した。

けん玉／十字状の剣と穴の空いた玉で構成されるおもちゃ。番組ではたびたび挑戦企画が行われている。2023年7月4日の放送では若槻千夏が1カ月間の特訓の末、大技・レジェンドに挑んだが、チャレンジは失敗に終わった。

公平なサイコロ／主に水曜日に試食をするメンバーを決めるときに登場するサイコロ。6面中5面が見取り図・盛山晋太郎、1面がそれ以外のメンバーとなっており、盛山が有利になっているが、なぜかいつも盛山以外のメンバーの面になる。

コスプレ／漫画やアニメ、ゲームなどの登場人物やキャラクターに扮する行為。番組ではラヴィット！ファミリーがさまざまなコスプレを披露しているが、特にぼる塾・あんりのコスプレは毎回そっくりと話題になる。あんりはこれまで『紅の豚』ポルコ・ロッソや『ドラゴンボール』魔人ブウのコスプレを披露してきた。

ゴールデンラヴィット！／2022年12月28日に約3時間にわたって放送された番組初のゴールデン特番。約50名のラヴィット！ファミリーが集結し、生放送で行われた。

こん棒風さかな／2023年4月19日に柴田がクイズの解答として描いたイラスト。後にスタッフが実写版を作成した。

さ行

最新のニュース／9時50分ごろからはじまる「JNNニュース」。このときだけは真剣な眼差しとなる田村真子アナウンサーの切り替えがすごい。

逆上がり／鉄棒運動の上がり技のひとつ。2023年5月16日の放送で、人生で一度も逆上がりができたことがないというSnow Man佐久間大介が池谷直樹にコツを教わり、初めて成功させた。

SAKASE「さかせ」／「〇分咲き！」という声に合わせてシャンプーハットをつけたプレイヤーが顔を変化させる。

桜井マック英樹／“群馬最強伝説”の異名を持つ地下格闘家で、金曜レギュラーの宮下草薙・宮下兼史鷹の父親。

THE TIME,／月曜から金曜まで5時20分から『ラヴィット！』放送直前まで放送されている情報番組。総合司会は安住紳一郎アナウンサー。7時59分ごろから、安住アナと川島によるクロストークが行われている。

サムネイル／主に番組ではTVer（ティーバー）のトップ画像を意味する。その日、一番の名（迷）シーンのキャプチャ画像が使用される。

サンボマスター／山口隆がボーカルを務めるスリーピースバンド。番組テーマソング「ヒューマニティ！」を歌っている。

試食／紹介された食べ物を試しに食べてみること。主にオープニングで行われることが多い。しかし、近ごろはおすすめの商品を紹介するはずが、食べたことはないけど気になっているから、ほかの番組で食べておいしかったから、という理由で紹介する出演者も多数。頼めば好きなものを食べられる状況から、Uber Eatsとたとえられることもある。

シーズンレギュラー／約3カ月間限定で曜日レギュラーを務めること。シーズンレギュラー終了後も多くのキャストがラヴィット！ファミリーとしてたびたび出演している。

嶋佐Oasis／ニューヨーク嶋佐をボーカルに結成されたバンド「Kazuya Shimasa」の通称。初演奏は2022年6月30日。横田真悠の誕生日プレゼントとして披露した。その後、かが屋を加え、（賀屋壮也はギター、加賀翔はカメラを担当）『ゴールデンラヴィット！』でも生演奏を行った。

SHINY SMILE／きつねが制作した金曜のテーマソング。2023年7月14日の放送でその日限りのテーマソングとして使用された。

出演本数ランキング／TV放送の調査・測定を行うニホンモニターが発表している、番組出演者データを基にしたランキング。2022年12月6日の放送には川島とともに2022年の優勝を目指していたオードリー春日俊彰が登場し、スタジオで結果発表を行ったが、川島が2位、春日が3位で終わった。この年の1位はバナナマン設楽統。

スタッフ／キャストと並んで番組には欠かせない存在。月曜〜金曜まで200名以上のスタッフが関わっている。

ストツー／対戦型格闘ゲーム「ストリートファイターII」の略称。番組では月曜日を中心にたびたび対決が行われている。

スタジオ／番組の撮影が行われているのは、赤坂にあるTBSの2階のNスタジオ。セットは水色・黄色・ピンクをベースに作られている。

すべり水／スベったあとに飲むことで、スベっていないことにできる。色はピンク。ギャル曽根が紹介したドリンクを、男性ブランコがスベったあとに使用したことで「すべり水」と呼ばれるようになった。

住む、住まない、キープ札／「ニューヨーク不動産」で家探しをしている人が、住むか住まないかを決める際に使用する札。ほかの物件を見てからもう一度考えたいときはキープ札を使用する。

スリル／カゲヤマ・益田康平が自身のスリルを味わうために考案したゲーム。2つの箱のどちらかに益田の財産が入っており、挑戦者がその箱を選べば入っている現金をゲット。外しても特に罰ゲームはないため、益田だけが損をする可能性がある。

た行

タイムマシーン3号／太田プロダクション所属のお笑いコンビ。番組ではVTRの出演ばかりだったが、2023年2月23日にスタジオに初出演して以降、たびたびスタジオにも呼ばれるようになった。なお、スタジオ初出演については、本人たちには伝えられず、目隠しをされたままひとり乗りロボットで連れて来られるというドッキリとなった。

代理MC／川島、田村アナが諸事情で番組を欠席した際、代わりにMCを務める人。川島の代理はレギュラーメンバーや大物ゲストが務め、田村アナの代理はほかのTBSアナウンサーやアイドルが務める。

駄々こねなぎぼぉ奮闘記／宮下草薙・草薙を『ザ・ノンフィクション』(フジテレビ)風に演出した寸劇。「太田＆近藤夫妻のDIY企画」内で行われていた。

舘様生クッキング／Snow Man宮舘涼太がスタジオで手料理を披露する時間。たっぷり時間を使ってカメラにアピールする、トロッコで登場するなどライブのような演出が行われる。

知覚過敏／冷たい飲食物などを口に入れた際、歯に感じる一過性の痛み。丸山桂里奈は知覚過敏を患っているため、試食を行う際のリアクションが大きくなってしまう。

チーソー／麻雀牌のソーズの7。あのちゃんがゲスト出演した際、七味唐辛子の原材料を当てる問題で「チーソーの赤い部分」と答えたことをきっかけに、番組では食べ物の大きさ比較などでチーソーを使うように。またラッピーが描かれたチーソーのキーホルダー等も番組グッズとして登場している。

チャンカワイ／ワタナベエンターテインメント所属のお笑いコンビ・Wエンジンのボケ担当。タイムマシーン3号と並んで主にVTRで出演することが多い。2022年2月3日には20回のロケ出演を経て、スタジオに初登場するも、この日MCの川島は病欠だった。

つかみ-1グランプリ／ネタ冒頭の1ボケ＝つかみの面白さを競うバトル。第1回優勝はななまがり、第2回優勝はW刑事。

ツッコミワード選手権／試食の食器などに仕掛けられたドッキリに対する、リアクションやツッコミのワードを競う競技。「重いはし選手権」にはじまり、これまで「激アツお茶碗選手権」や「逃げる皿選手権」が行われている。

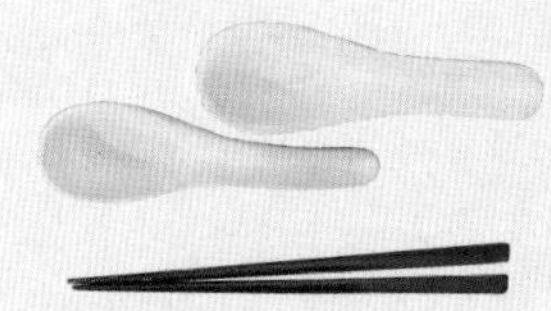

提供バック
CMとCMの間に挟まれる、3秒程度の映像。スタジオ出演者はこの提供の後ろでさまざまなアピールを行う。『ゴールデンラヴィット!』では5秒提供選手権が行われた。

TVer(ティーバー)／国内最大級の見逃し無料配信動画サービス。番組では、11月1日放送分より配信を開始したが、朝の生放送番組では異例の快挙だった。現在はオープニングトークのみ先行配信、19時ごろに後半部分が配信されている。

テレビジョン／6秒しかない楽曲「角川ザ・テレビジョンのロゴ」の通称。『ゴールデンラヴィット!』で行われた「6秒カラオケ選手権」の課題曲となった。

な行

生演奏／アーティストが登場し、スタジオでパフォーマンスを生披露すること。これまで番組テーマ曲を担当するサンボマスターや、ラヴィット!ファミリーも多数所属する櫻坂46などが生演奏を行っている。

南波雅俊アナウンサー／2012年にNHKに入局後、2020年10月よりスポーツ実況アナを志しTBSに移籍したアナウンサー。番組では主に生中継企画のリポーターを担当している。特技はB'z稲葉浩志のものまね。

日本でいちばん明るい朝番組。
番組開始当初から変わらないキャッチフレーズ。

は行

爆買いピッコロ町娘／男性ブランコ平井が扮するキャラクター。爆買いベジータ侍に対抗して誕生したキャラクターで平井が爆買いするときに変身する。黄色の浴衣を着て、ピッコロを模した被り物を被る。

爆買いベジータ侍／ニューヨーク・嶋佐が爆買いをするときに扮するキャラクター。2021年11月25日の「ニューヨーク不動産」において、家電を爆買いする流れから誕生した。ハゲたカツラとベジータのようなスカウターをつける。

はみ出しラヴィット！／放送終了後にTwitterにて公開される、出演者へのインタビュー動画。番組内で発表できなかったプレゼントキーワードをこの動画内で発表することもある。

番宣／番組宣伝の略で特定の番組の視聴率・聴取率を上げるために行う宣伝活動。主に同局で放送されるドラマやバラエティ番組から、出演者がゲストとして出演することが多いが、『ラヴィット！』ではほかの番組ではないような企画に巻き込まれることが多い。

B'ず軍団／B'z稲葉浩志のものまねをしている集団。全員が赤のチェックシャツにジーンズを履いている。南波アナともコラボしている。

東ブクロ／さらば青春の光のボケ担当。数々のスキャンダルから朝の番組にはふさわしくないため出演できないとされていたが、相方の森田が番組を盛り上げるために、11万円の腕時計を買ったことで出演の権利を獲得。さらに森田が658万円のレンジローバーを購入したことで、今後70回出演できることが決定した(?)。

ビリビリ椅子／座面に電気を流す、罰ゲーム専用の椅子。ほかの番組で使用するものと比べ、電力が強い。

VAR／通常はスポーツの試合などで用いられるもので、「ビデオ・アシスタント・レフェリー」の略。番組ではゲーム企画や挑戦企画などで判定やミスをした人を確認するときに用いられる。

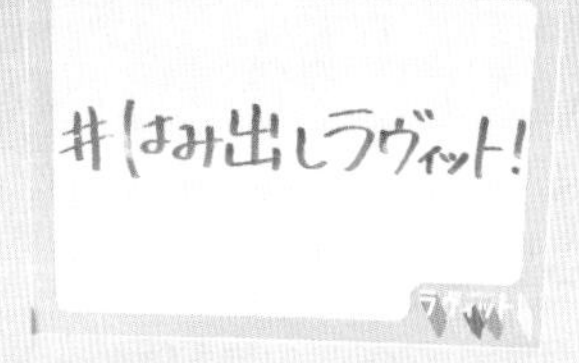

フリップ／文字や図を書くための板。番組で使用されているものは、水色で縁取られ、番組ロゴが記載されている。東京ホテイソンのショーゴがフリップに回答を書く際は、なにかのロゴを模していたりと完成度が高く、このフリップ芸に定評がある。

プレゼントキーワード／Twitterで実施している視聴者プレゼントに応募する際、必要となるキーワード。プレゼントの紹介があった直後に、スタジオ出演者のうちひと組が、その日の印象的な出来事やワードなどをフリップに書いて発表する。

フューチャーフィッシャー昴生／ミキ昴生が扮する9456年から来た未来の釣り人。釣り好きの亜生が「クール・アングラーズ・アワード」を受賞したという話題で、授賞式に独特の細長い長方形のサングラスをかけた「フューチャーフィッシャー昴生」が登場したと伝えられ、番組にも登場した。初登場の翌日、『おはスタ』(テレビ東京)にも出演。

ペアーズ／きつね淡路が彼女にプレゼントしたオリジナルソング。曲中に初恋の思い出を語るパートがある。番組では2023年4月14日に東京03の飯塚悟志をゲストに迎え、この日のスタジオメンバー全員で披露。また『ラヴィット！』ロックでは、金曜レギュラーを中心に結成されたファーストラバーズがこの曲を披露した。

ペルシャ絨毯／「モグライダーのモグ散歩」初回、絨毯がほしいというともしげの意向で、高円寺のペルシャ絨毯専門店を訪れるも、芝大輔が13万円のペルシャ絨毯を購入した。

ぽかぽか／フジテレビで放送しているハライチが司会のお昼のバラエティ番組。ハライチがゲスト出演した際、両番組MCの公認として姉妹番組となった。

ボードゲーム／卓上で遊ぶゲームの総称。番組ではオープニングトークでボードゲームをすることが多い。

ホンモノォ〜!!ニセモノォ〜!!札
おいでやす小田が試食をする際、たびたび紹介された料理の一部が違う材料に変わっていたり、お店で修行したスタッフの調理した料理に変わっており、それがホンモノかニセモノか小田が当てるときに使用される札。

ま行

耳心地いい-1グランプリ／「とにかく耳心地の良いネタであること」を競うネタバトル。これまでオープニングトークで2回開催され、2023年8月23日には「み・み・ご・こち」を意味する優勝賞金335万円を賭けた新たな賞レースとして放送された。

みはらしの丘みたまの湯／山梨県にある日帰り温泉施設。絶景の天然温泉が大人気で、夜景100選にも認定されている。番組では2021年11月4日に「ラヴィット!ランキング」内で紹介されたが、タイムラプス映像が流れた際に、午前中から夜まで温泉に入り続けているおじいさんに注目が集まった。

ミロのヴィーナス事件／2022年3月16日の放送でスタジオメンバーでプレゼント交換を行ったが、矢田亜希子がプレゼントに選んだオフィシーヌ・ユニヴェルセル・ビュリー／アラバストルの芳香商品「ミロのヴィーナス」をアルコ&ピースの平子祐希が落として割ってしまい、スタジオがいい香りに包まれた事件。

もう中学生／吉本興業所属のピン芸人。番組では主に「トータルテンボスのいたずらツアー」に出演している。絶叫系が苦手なため、もう一回乗らされそうな流れになると相手が誰でも本気の顔で注意する。

モグ飯キッチン／「ラヴィット!ランキング」内で登場するモグライダーの料理コーナー。ランキングで登場した商品を使ったアレンジレシピを紹介するのだが、ともしげの言い間違えが多く、なかなか料理のレシピは入ってこない。

守谷日和／吉本興業所属のピン芸人。2022年10月4日に「おすすめのウキウキするもの」として、川島明が『笑っていいとも!』(フジテレビ)の「テレフォンショッキング」を行った際、なにも知らない守谷に電話をかけた。以降、たびたびロケなどで出演している。

や行

やまぞえ／「クイズに1発正解する」というミスのこと。相席スタート山添寛がやらかしてしまったことでこう呼ばれるようになった。

ヤーレンズ／ケイダッシュステージ所属のお笑いコンビ。楢原は自称・芸人イチの『ラヴィット!』ファン。2022年12月15日放送のロケで初出演を果たした。

夜明けのラヴィット!／毎週土曜日朝5時45分から放送されている番組。1週間分のオープニングトークや、放送終了後に行われるアフタートークの様子が放送される。

ようこそラヴィット!／夏休み期間の特別企画として、「『ラヴィット!』に出演してほしいゲスト」の募集をツイッターで行った際に使用されたハッシュタグ。

曜日対抗企画／1週間通して同じ企画を行い、最も正解数の多い曜日・または最高得点を出した曜日が優勝となる企画。番組開始当初は毎週、実施されていたが、徐々に開催頻度が減った。

米村でんじろう／サイエンスプロデューサー。この日が誕生日ということで、2022年2月15日に初登場するも、出演者に「静電気ビリビリ1万ボルト」を食らわせ、出禁に。しかし、1年の時を経て出禁解除となり、再びスタジオに登場した。

ら行

ラッピー／番組公式キャラクター。世界中に「LOVE」と「HAPPY」を届けるために惑星ラヴィット!からうさぎの家族で地球旅行をしていたが、東京の赤坂周辺でひとり迷子になっていたところをTBSの社員に拾われたことにより、番組のために働くことを決意。番組キャラクターを務めながらサイコロを作る美術ADを兼務しているらしい。好きな言葉は「横並びトップ」。

ラッピージュース／罰ゲームに使用される超すっぱいジュース。

『ラヴィット!』が終わった日／川島による名言「大事に育てた『ラヴィット!』が終わった」が誕生した日。2022年10月14日にアニマルパラダイスを行った際に発した。2023年6月29日には、お笑いコンビ・いちばんかわいいが紹介され、「8時46分、TVが終わりました」とコメントした。

ラヴィット!カフェ／これまで2度、期間限定で開催されている番組カフェ。「チーソーウーソーラッピーサンド」や「天ぷらそばはホンモノ?ニセモノ?どっち!?」など番組に関連したメニューが提供されていた。

『ラヴィット!』の日／3月29日。初回放送日が2021年3月29日ということで、2022年に一般社団法人・日本記念日協会により認定・登録された。

ラヴィット!ファミリー／レギュラーメンバーだけでなく、シーズンレギュラーや定期出演しているタレントも含んだ出演者の総称。一回でも出演すれば、ファミリーになれるというウワサも。

ラヴィット!ポーズ／右手の親指と人差し指を使ってL字を作るポーズ。番組はこのポーズで終わる。

ラヴィット!ミュージアム／赤坂のTBS赤坂BLITZスタジオで行われていた展覧会。番組にまつわるさまざまなアイテムが展示されていた。

ラヴィット!ランキング／食べ物や日用品、文房具などテーマのもと集めた商品をプロや専門家が吟味し作る番組独自のランキング。スタジオでは出演者が1位を予想し、的中すると紹介した商品が送られる。ふざけた予想をするミキをアルコ＆ピースの平子が本気で注意する、見取り図・リリーが商品紹介の際に流れるBGMを予想する、など曜日ごとにお決まりの流れがある。番組開始当初は毎日行われていたが、現在では週1、2回程度。

ラヴィット!ロック／2023年8月27日に東京・代々木第一体育館で開催された番組初の有観客の音楽イベント。"ラヴィット!ファミリー"による"ラヴィット!ファン"のための大感謝祭で、"ラヴィット!アーティスト"たちが出演。それぞれのオリジナルソングなどを披露する。

リハーサル／本番前にその日の進行を確認するために行われる練習。『ラヴィット!』では、オープニングで行うことによってリハーサルに要する時間が異なり、場合によっては6時集合になることも。

れなッピー／櫻坂46・守屋麗奈が描いたラッピーの通称。かわいさを失った死んだような目が特徴的だが、グッズ化もされている。

レンジローバー／イギリス・ランドローバーが生産している高級車。2023年2月16日の放送でさらば青春の光・森田が658万円の初代レンジローバーを購入することを決意。4月13日の放送で実際に購入した。

ロケ／スタジオを出て外で行う撮影のこと。番組後半のVTR企画はほとんどがロケによるもの。

わ行

和風変換／すゑひろがりずがたびたび披露するカタカナ語を和風の言葉で変換するギャグ。「カラーコンタクト=彩まなこ被せ」など。

第一回『ラヴィット！』検定

◉出題範囲は、2021年3月の放送開始から2023年7月までの『ラヴィット！』および番組に関わるSNS投稿。
◉問題は全部で33問。難易度によって配点は異なる。◉正解は本誌P122に記載。

問1　これまでに唯一スタジオ、ロケ双方でのグランドスラムを達成しているお笑いコンビは誰でしょう？

問2　「#ラヴィット涙の最終回」「#ラヴィット実は収録だった」など視聴者を混乱に陥れるプレゼントキーワードを発表してきた相席スタート・山添寛ですが、最初の出演時に発表したキーワードはなんでしょう？

問3　『ラヴィット！ロック』のメインビジュアルや、『ゴールデンラヴィット！』のTシャツデザインなどを手がけたイラストレーターは誰でしょう？

問4　2022年12月22日の放送で男性ブランコ・浦井のりひろが「オススメのふわふわしたもの」として、りくろーおじさんのチーズケーキを紹介しましたが、そのとき登場した妹の麻奈美さんはどこの店舗で支配人を務めていたでしょう？

問5　『水曜日のダウンタウン』の企画、「『ラヴィット!』の女性ゲストを大喜利芸人軍団が遠隔操作すれば、レギュラーメンバーより笑い取れる説」で遠隔操作されたあのちゃんが「ほぐした赤LARK」や「チーソーの赤い部分」といった解答を残しましたが、これはなんの原材料を当てる問題だったでしょう？

問6　「くっきー！パパの公園へ行こう！」内で初めて披露された、初恋の思い出を語るパートが特徴的なきつね・淡路幸誠のオリジナルソングはなんでしょう？

問7　2023年6月29日に東京ドームで行われたライブ『Bye-Bye Show for Never』をもって解散したBiSHですが、その翌日に『ラヴィット！』のスタジオゲストとして出演したメンバーは誰でしょう。

問8　2022年4月6日の放送にゲストとして出演した指原莉乃は、おもしろ4文字を求められ、なんと言ったでしょう？

問9　下記のシーズンレギュラー経験者が担当していた曜日はどの曜日でしょう。正しい組み合わせを線でつないでください。

細田佳央太	月曜
加藤史帆	火曜
松田好花	水曜
ジャニーズWEST	木曜
横田真悠	金曜

問10　7回目の上演にして、休演を言いわたされた大木劇団ですが、休演前最後の作品となった「ジョン万次郎の恋物語」に出演した宝塚出身の女優は誰でしょう？

問11　リアクションやツッコミのワードを競う「ツッコミワード選手権」の「重いレンゲ選手権」で優勝したのは誰のなんというフレーズでしょう？

問12　ギャルルの代表曲といえば、番組でも多用されている「Boom Boom めっちゃマッチョ！」ですが、同じシングルに収録されているカップリング曲はなんという曲でしょう？

問13　宮舘涼太を代表とするスタジオで手料理を披露するコーナー「生クッキング」で、ご飯をレンジで温め、マヨネーズをかけるだけのマヨネーズご飯を作ったのは誰でしょう？

問14　2021年10月1日の放送で金曜レギュラーの近藤千尋がとある理由で番組を欠席しましたが、その理由とはなんだったでしょう？

問15　2022年3月11日の放送で、東京ホテイソンが「オススメの東北グルメ＆スポット」として、ある中華料理店のマーボー焼きそばを薦めた際、番組のファンであった店主の遠藤康文さんが調理中に番組グッズである指輪を誤って中華鍋に落としてしまい「麻婆指輪」を作ってしまいましたが、この中華料理店はどこでしょう？

問16　2022年3月15日のオープニングで若槻千夏が「“レジェンド”だと思う人」として名前を挙げるも、フライングで登場してしまい、スタッフに止められる様子が放送されましたが、このとき登場したのは誰でしょう？

問17　『ゴールデンラヴィット！』内のコーナー「6秒カラオケ選手権」で課題曲として歌われた茂木由多加の楽曲はなんでしょう？

問18　番組ロゴでは『ラヴィット！』の文字がそれぞれ白ともう一色で描かれていますが、“ラ”と同じ色が使われている文字はなんでしょう？

問19　2022年11月3日の放送で本並健治が思い出の味として紹介した木村屋のある料理をかけて女将とスト2対決をするも、敗北し食べられないという事態が発生しましたが、このとき食べられなかった料理はなんでしょう？

問20　「ぼる塾の芸能界スイーツ部」に川島明が参戦した際（2022年10月10日, 17日放送）、ぼる塾·田辺智加が案内し、ミナルディーズを食べたロケ地はどこだったでしょう？

問21　写真の？に入る名前はなんでしょう？

問22　代理MCを『クイズ☆正解は一年後』のMCであるロンドンブーツ1号2号·田村淳と枡田絵理奈が務めた際に行われた「クイズ正解は1時間後」で、番組終了時、ツイッタートレンドランキングでもっとも上位となり、この放送でプレゼントキーワードとなったのはどんなキーワードでしょう？

問23　2022年1月3日に放送された『ラヴィット！新年会』で、スタッフが選ぶ「レギュラー芸人人気ランキング」が発表されましたが、そのランキングの上位3人を正しく並べてください。
【盛山晋太郎、リリー、嶋佐和也、屋敷裕政、昴生、亜生】
（1位　　　　2位　　　　3位　　　　）

問24　番組内で鎌倉パスタの「牛肉と野菜のすき焼き風パスタ」や老舗すき焼き店·キムラの「ロースすき焼き」などが紹介された際、BGMには同じ楽曲が使用されましたが、その曲はなんでしょう？

梅山織愛＝編集　梅山開世（2020年『東大王選抜クイズ甲子園SP』優勝チームメンバー）＝作問協力

問25　「ニューヨーク不動産」では、これまで多くの芸人の家探しを行ってきましたが、このなかで家が決まらなかった人物すべてに✓をつけてください。

☐インディアンス・田渕章裕
☐オズワルド・伊藤俊介
☐そいつどいつ・市川刺身
☐男性ブランコ・浦井のりひろ
☐マテンロウ・アントニー

問26　心の光合唱団の代表曲「心の光」の？に入る歌詞はなんでしょう？
僕は（僕は）君は（君は）　変わらない　色褪せない　あの日見た夢の続きを［　？　］

問27　2021年6月3日の放送で、ひざ下まである白いブーツを履いた横田真悠に対して川島がツッコんだフレーズはなんでしょう？

問28　2023年4月4日の放送ではスタジオメンバー全員で映画『RRR』のナートゥダンスに挑戦しましたが、そのとき最初に疲れてしまい、脱落したのは誰でしょう？

問29　2022年8月2日の「ミキの夏休み」内で、昴生が「子供のころ憧れていたサッカー選手は？　A、ラモス瑠偉　B、三浦知良　C、ラモンディアス」という問題を出しましたが、そのとき、モグライダー・ともしげはなんと回答したでしょう？

問30　2022年1月20日（木）はある一組を除いて、レギュラーメンバーほとんどが欠席となりましたが、唯一出演したレギュラーメンバーは誰でしょう？

問31　2023年8月23日に特番として放送された「耳心地いい-1グランプリ」は、これまでレギュラー放送で2回開催されていますが、下記の選択肢の中で第一回に出場者したのはどの組でしょう。該当する組すべてに✓をつけてください。

☐うるとらブギーズ　☐シオマリアッチ
☐鈴木ジェロニモ　☐大自然
☐ちゃんぴおんず　☐バンビーノ
☐メンバー　☐B'ず軍団with南波雅俊アナ

問32　2022年9月9日に「人造人間17号」として出演したアイデンティティ・見浦彰彦がうまく立ち回れなかったことを反省し、出したこの日のプレゼントキーワードはなんでしょう？

問33　番組初回放送日、MC川島明の楽屋に届いた花の送り主は誰でしょう？

解答：問1（2点）なすなかにし／問2（2点）#気づいた時に免許更新（初登場は2021年8月24日）／問3（2点）docco／問4（2点）新大阪駅店／問5（2点）七味唐辛子／問6（2点）「ペアーズ」／問7（2点）ハシヤスメ・アツコ／問8（2点）パンティ／問9（各1点）松田好花（月）　加藤史帆（火）　細田佳央太（水）　横田真悠（木）　ジャニーズWEST（金）／問10（2点）紺野まひる／問11（2点）藤崎マーケット・トキ「レンゲ 鉄アレイくらい重い」／問12（2点）「女のウルトラ」／問13（2点）永瀬廉／問14（3点）子供の運動会に参加するため／問15（3点）中国めしや竹竹／問16（3点）トランプマン／問17（3点）「角川ザ・テレビジョンのロゴ」／問18（3点）ッ／問19（3点）ピロシキ／問20（3点）銀座・和光の時計台／問21（3点）森岡新平／問22（3点）フジモンまじうるさい（提案者はNON STYLE・石田明）／問23（各1点）1位　盛山晋太郎、2位　嶋佐和也、3位　リリー／問24（4点）「上を向いて歩こう」（英題が「SUKIYAKI」のため）／問25（各2点）そいつどいつ・市川刺身、マテンロウ・アントニー（そのほか、鬼越トマホーク・金ちゃんも引っ越し先が決まらなかった）／問26（4点）照らす心の光／問27（4点）「ベジータ足です！」／問28（4点）アンガールズ・田中卓志／問29（4点）B、ラモンス瑠偉！／問30（4点）ギャル曽根（このとき、代理で出演したのはなすなかにし、本田仁美、ダイタク、NONSTYL・井上）／問31（各1点）ちゃんぴおんず、バンビーノ、シオマリアッチ、メンバー、大自然（シオマリアッチとメンバーは第二回も出場）／問32（4点）#失敗作の17号／問33（4点）天山飯店（川島の馴染みの中華料理屋）

0～50点……『ラヴィット！』を毎朝観ましょう
50～70点……『ラヴィット！』の立派なファンです
71～99点……『ラヴィット！』愛強めのマニアです
100点……もはや『ラヴィット！』ファミリーです

Special Photo

#明日は土曜日

上村窓=撮影　千本松良枝=スタイリング

Special Interview

田村真子(TBSアナウンサー)

山本大樹＝文

2021年、入社3年目で『ラヴィット!』MCに。その後、番組と苦楽をともにしてきた田村真子アナウンサー。番組を支える真面目な“副担任”でありながら、ときにはゲームやチャレンジ企画で大はしゃぎする。情報も笑いもお届けする、ある意味では『ラヴィット!』という番組を象徴する人なのかもしれない。最初は低空飛行ではじまった番組が、視聴者からも出演者からも愛される場所になるまでの田村アナウンサーの歩みを聞いた。

ここからまた、変わっていくんだろうな

――― 放送スタート時からは考えられないほど『ラヴィット!』は大きくなりました。特番の放送やイベント開催など、ある意味では成熟期を迎えているのではないでしょうか?

田村　どうなんでしょう……。たしかにいちばん最初のころに比べたら、スタジオの空気感もできてきて、曜日ごとのカラーも出てきたなあと思います。そっか、でも「成熟」って言われると……成熟してきたんですかね?まだまだ目まぐるしく変わっている気もしますし……。

――― 田村さん的には、今の『ラヴィット!』はどう見えてますか?

田村　私としては全然まだ、慣れてきた感じもしなくて。やっぱり毎日いろんなことをやっているので、日々のオンエアについていくのに必死というか。なんなら最初のころよりも、番組の進行以外にやることがどんどん増えてますし(笑)。いろんなことに臨機応変に対応しなきゃいけないって考えると、今のほうがより大変かもしれないです。たしかに番組の形はどんどん変わってきたけれど、まだこの形で完成するかどうかはわからないし。たぶん、ここからまた変わっていくんだろうなって思います。

――― たしかに、最初のころとは番組の形も田村さんの役割も全然違いますね。

田村　私も最初はいろいろ慣れていなかったので本当に必死で、そこから少しずつスタジオのトークやVTRも楽しめるようになって……。どんどんオープニングの時間も長くなって、私も一緒に楽しみたい!っていう気持ちも出てきて。いろんなゲストの方が来たり、いろんなゲームをやったりするなかで私も進行するだけではなくて、スタジオの一員としてその輪の中に参加できるようになってきました。

――― 田村さんがゲームを楽しんでいるのも番組の魅力になっていると思います。

田村　でも、一緒に楽しみすぎたら「番組をスムーズに進行する」っていうアナウンサーとしての本業ができなくなってしまうんじゃないかっていう不安もあって……(笑)。だから、あんまりみんなについて行きすぎるとダメだ、って思いながらバランスを調整しているところです。私がゲームを楽しんでいる最中に万が一、ニュースが飛び込んできたら……と常に頭の片隅では考えているので。

――― 9時50分ごろに「番組は続きますが、こ

日常だけど、非日常

こで最新のニュースです」と言うときの田村さんの切り替えの早さもすごいですよね。

田村　アナウンサーなんで、もちろんそこはちゃんとしています。どんなニュースが来るかわからないので……。

――― 川島さんも、ほかの芸人に混じってボケに行ったりするじゃないですか。そういうときは自分が引いて……と考えることもあるんですか？

田村　すごく意識しているわけではないですけど、一応MC席にふたりいるので、無意識にバランスはとれているんじゃないかなって思います。でも、ゲームのときに赤荻アナが仕切ってくれると、「ここはなにが起こっても赤荻さんがなんとかしてくれる」っていう安心感がありますね。

毎日ビリビリやるのはやっぱりおかしい

――― さきほど「曜日ごとのカラーも出てきた」とおっしゃっていましたが、田村さんから見たそれぞれの曜日の印象も聞きたいです。

田村　月曜日はやっぱり、週のはじめにいちばん穏やかに笑える曜日だと思います。ぼる塾さん、馬場さんと芸人さんもいらっしゃいますけど、ちょっと情報番組っぽいというか。たまに本並さんが歌い出したりしますけど……（笑）。火曜日はミキの昴生さんと若槻さんがしょっちゅうバチバチしてるし、ほかにも芸人さんが多いし、Snow Manのおふたりもいますし、本当ににぎやかです。もちろん山添さんもよくいらっしゃいますし。CM中もおしゃべりが止まらない。いちばん学校っぽいノリかもしれないです。

――― なるほど。

田村　水曜は、見取り図の盛山さんとラッピーの絡みが楽しみだったりしますし、柴田さんも「逆バズーカ」みたいなことをやってくれるので……（笑）。でも矢田亜希子さんがいるので、盛山さんがワーって騒いでも上品さが保たれていますよね。矢田さんや柴田さんみたいな大人が、盛山さんたちを優しく見守っている……みたいな。やっぱり矢田さんの存在は大きいですね。

――― 木曜日は？

田村　なんというか「地元ノリ」っていう感じです（笑）。ニューヨークさんとか、ギャル曽根さんとか「地元」って感じがしません？　アイドルの方もよく遊びに来て、みんなで「かわいい～」って受け入れて。そこにお父さん的な感じで石田さんがいる。逆に金曜日は矢田さんや石田さんのような年長者のポジションが、くっきー！さんなので（笑）。やっぱり特殊な世界を展開されるじゃないですか。そこにEXITさんも宮下草薙さんも東京ホテイソンさんもいて、番宣で俳優の方も来たりするので、そういう方も巻き込んで遊ぶ……みたいな。やっぱり、曜日ごとに全然違うんですよね。

――― そんなにぎやかな場所に毎日いらっしゃるのが川島さんと田村さんですが、2年半もやっているとそれが通常運転になってくるのでしょう

か？

田村　日常は日常なんですけど、なかなか華やかじゃないですか。みなさんと話したり一緒にゲームをやったりして、スタジオに慣れてはいるんですけどね……。日常っちゃ日常ですけど、やっぱり非日常だと思う。毎日ビリビリやってるのもおかしいですよ、やっぱり。

――― 本当にみなさん痛がってますよね。

田村　本当に痛いです。でもこの前「推理ゲーム」をやっていたときは、集中しすぎてあんまり痛さを感じなかったんですけど……。でも、本当に毎日楽しいんですけど「明日もビリビリあるのか……」って考えるとちょっと嫌です（笑）。

忘れられない「ハンバーグ試食事件」

――― ここまですごくいろんな放送があったと思うんですけど、田村さんのなかで一番印象深いのはどの回ですか？

田村　楽しかった回が本当にいっぱいありすぎて。かなりの頻度で盛り上がってるので、思い出そうとすると直近の回になっちゃう。でも、レバーを弾いて玉を入れる「新幹線ゲーム」で川島さんと私がふたりとも真ん中のポケットに入れたときは個人的にすっごくうれしかったですね。あとは最近だと柴田さんの「逆バズーカ」も……。定期的になにかが起こるんで、面白い回は本当にいっぱいありますね。

――― 逆に覚えているなかで「失敗した」と思ったことは？

田村　それはもう、私が勘違いでハンバーグを食べてしまった回です（※）。今まで私が試食することなんてなかったのに、なんで急に？と思いながら食べて、後から気づきました。放送が終わるまでずっと「やっちゃった！全然、私じゃなかった」と思って。

――― 最後に『ゴールデンラヴィット！』が特番で放送されたり、『ラヴィット！ロック』を開催したりと、放送開始当初は想像もつかなかったようなことがたくさん実現してきました。今後『ラヴィット！』で実現してみたいことはありますか？

田村　それこそ『ゴールデンラヴィット！』や『ラヴィット！ロック』が毎年恒例のものになって続いていったらいいなって思います。あとは『耳心地いい-1グランプリ』みたいに派生していく番組もどんどんできたらいいな、と。もちろんTBSアナウンサーとしていろんな番組をやりたいっていう思いもあるんですけど『ラヴィット！』から派生していくものって、私にとっては特別というか。そういうふうに『ラヴィット！』が広がっていったら楽しくなるな、と思います。

※2023年4月13日放送。赤荻アナのゲーム対決の賞品として用意されていたハンバーグを川島が食べるはずだったが、川島へのカンペを誤って読んだ田村アナが勘違いし「私が代わりに試食します」とハンバーグを試食。後日『夜明けのラヴィット！』で真相が暴露された

田村真子　Mako Tamura
1996年生まれ。TBSアナウンサー

〈衣装協力〉ワンピース／MARIA（https://mariaweb.fashionstore.jp/）、ピアス／スリーフォータイム（ジオン商事03-5792-8000）

田村真子アナウンサーの『ラヴィット！』日誌 2022 4.27 – 12.28

『クイック・ジャパン』『QJWeb』で連載していた田村アナウンサーの日誌エッセイをまるっと公開！ときに笑い、ときに泣き、ときに怒りをあらわにする……。田村アナの激動の日々をプレイバック！

4.27 wed 「盛山、すごい目してたな……」

AD盛山さんとの1枚。なんだこの指示は

最近、不正疑惑が浮上したため卒業した見取り図・盛山さんが、復帰を賭けて本並さんとPK対決。しかしスタジオの期待も虚しく、盛山さんは一本もゴールを決められずに終了してしまいました。あまりの残念な蹴りに、CM中のスタジオでは「なんか盛山、すごい目してたな……」と川島さんがボソっとひとこと。
結果、その日はスタジオのAD業務をしてくれたのですが、途中からスケッチブックを持ちカンペを出しはじめた……？　しかも、明らかにふざけた指示。さらにはCM中にゲストのさらば青春の光・森田さんと取っ組み合いをはじめました。でも、このじゃれ合いはいつもの通常運転。盛山さんがレギュラーに戻るのはいつになるのだろうか……。

5.4 wed 不思議な真空ジェシカさん

また水曜日の話ですが、なんてったってこの日は真空ジェシカのおふたりがあの2月以来の再登場(このちゃんも来てくれてハッピー)！　前回は川島さんと私が不在だったので、通常『ラヴィット！』に来てもらうのは今回が初めて。実は私、あの伝説の回(※)の後、別の収録でお会いしたのです。そのときはこちらも申し訳なく、なんと声をかければいいのか気まずかったのですが……。でも、また『ラヴィット！』でお会いしたい旨を伝えられたので、今回は大丈夫！と楽しみにしていました。たくさんの妖怪を紹介してもらい、「無限ニッチェ」なども登場し、無事オンエアは楽しく終了。やっぱり不思議なおふたりでした。

※川島と田村アナの両MCが欠席した2022年2月2日、ゲストで初登場した真空ジェシカが大スベリした放送回。詳細はP34に

この日放送の川島さん&くっきー！さんとの旅での1枚

5.10 tue ダンスもできるアンガマ様

この週の水曜、ラッピーとグッズと一緒に

この日のオープニングトークのテーマは「沖縄にまつわるモノ」。アインシュタインの稲田さんは、私物のアンガマ様のお面を紹介しました。
アンガマとは、石垣島の旧盆行事で登場するあの世からの精霊なのだそう。このお面、稲田さんがつけると本当にジャストフィットなのです。違和感がない！　なので、稲田さんは2時間ずっとお面をつけ（沖縄初心者なのに）アンガマ様を演じていました。もちろんCM中も。
そして舘様ことSnow Man宮舘さんと仲良く話しているなと思ったら急に立ち上がり、Snow Manの「ブラザービート」を踊りだしたんです。アンガマ様はダンスもできるのか。
沖縄のことは知らないけど、Snow Manには詳しいんだなぁ。

5.18 wed 普通のリフティングも難しい

あぁ、また水曜を選んでしまったことをお許しください……。だって、盛山さんが全然レギュラーに復帰できないんです。この日は「リフティングのフリースタイルに成功すれば復帰」というチャレンジ。

番組のCM中にも流れる番宣撮影の1コマ

盛山さんはサッカーが好きで、これまでもサッカー企画をやっていました。番組としてはいけるかいけないかのラインのミッションを設定したつもりですが、終わってみるとだいぶ難しかったよう。盛山さんも「こんなん無理や！」と（泣）。
番組の反省会で、スタッフさんたちも「普通のリフティングもできなかったとは……」と少し読み間違えていた様子。この日誌が世に出るころには、無事復帰となっているのでしょうか……。

5.24 tue いつもの山添さんに安心……？

この週の金曜日に取り上げた「五右衛門」でランチ

この日は最新文房具の「ラヴィット！ランキング」、なんとあの山添さんがVTRに登場。実は先週の火曜にもスタジオ出演されていました。
『〇ップＵＰ！』でお忙しいのか、何週間ぶりか久々の『ラヴィット！』だったのですが、なんだか今までの山添さんと違う。川島さんとも「なんか違いますね、本調子じゃないのかな」と話していました。でも、この日のVTRでは「まーちゃん」と私のことを呼んで、またいつもの調子でよくわからないことを話されてました。それを見ながら「あ、いつもの山添さんだ」と謎に安心する自分がいました。よくない、よくない。あの調子の山添さんに慣れるのはよくない！　視聴者のみなさんもですよ！

6.21 tue 「あたしだよ!」の言い方は?

この日は「大変身メイク」企画のゲストが、にしおかすみこさんでした。
ＣＭ中に当時のにしおかさんの女王様ネタの話になり、「〇〇なのはどこのどいつだぁい……あたしだよ！」のくだりの「あたしだよ！」の言い方が、ゆっくりだったか速かったかという議論になりました。子供のころに観ていた私ははっきり覚えておらず、アインシュタインさんやトータルテンボスさんは“ゆっくり言っていた”派、しかし川島さんは「恥ずかしくてゆっくり言えないはず」と“速く言っていた”派。みなさんはわかりますか？
あとで川島さんとYouTubeで確認したところ、“速く言っていた”派が正解でした。川島さんも正解してうれしそう。オンエアの裏では、こんなことで盛り上がっています。

今週はMr.マリックさんも登場！　生でマジックを見て大興奮！

6.29 wed ポニーテールでひと悶着!

奇しくも服の色までオレンジの同系色に……

番組終盤のＣＭ中、盛山さんがこっちを見ている……。なんなんだろうと思っていると「田村アナ、僕と髪型かぶってますやん。匂わせやと思われるんでやめてください」と言われました。この日、私はポニーテール。「あれ、さっきまで盛山さん髪おろしてたやん」と思って主張しましたが、スタジオの反応は意外にも「あれ、ほんとだ〜！」「ダメだよ〜！」と盛山さんの肩を持ちます。
でも、矢田亜希子さんだけはちゃんと「全然違うよ〜」と言ってくれました。実はこの日、矢田さんもすーじー（日向坂46·富田鈴花さん）もまとめ髪だったのですが、私だけ前髪なしだったので標的になってしまったようです。
この日の盛山さんはサッカー対決でさらばの森田さんに負けてしまったので、いつもふざけ合っている森田さんに絡みづらくて、私に絡んできたんだと思います。

7.5 tue 佐久間さんのお誕生日で大渋滞!

この日は火曜ファミリーSnow Man佐久間さんのお誕生日ということで、プレゼントしたいものをみんなが用意。しかしプレゼントの内容がかなり濃く……。一部だけご紹介すると、ビビる大木さんの希望でメルちゃんおままごとを大人4人で披露(しかも4分間!)。
その後はワラバランス盛田さんによる“イメージダイブ”という謎の催し、そしてすゑひろがりず三島さんの顔が怖すぎる獅子舞、稲田アンガマ様によるアフリカ舞踊の披露……と大渋滞！　観ていない方には伝わりにくいですが、すごいオープニングでした。後で川島さんとも「宴会みたいでしたね」と話しました。
きっとみなさん、お祝いなのでうれしくてはしゃいでしまったんだと思います。川島さんと「我々MCだけでも、朝の風紀を守っていきましょう」と誓いました(笑)。

この週は久々に大学の仲良しグループでディズニーに行きました

7.15 fri 『ラヴィット!』のない1週間

今日の放送を終えると『ラヴィット！』は『世界陸上』のためしばらくお休みです。ゆっくりできるのはうれしいですが、1週間以上もラヴィット！ファミリーに会えないのは本当に寂しい。
学校が長期休みになるような気分です。これまでは自分が休んでも『ラヴィット！』は放送されていましたが、TVでも観られないとなると、なおさら寂しいですよね。
それほど自分にとって『ラヴィット！』は大事な場所になっています。観てくださっている人たちにとって『ラヴィット！』はどんな存在なのかなぁ……とか考えてみたり。
毎日観てくださる方、決まった曜日だけ観るという方、それぞれだとは思いますが、この番組がみなさんの日常の一部になれる日が来るといいなぁと願っています。

「本当に入ったの?」と疑われた美術展、ちゃんとチケットもぎられてますよ！

8.16 tue 山添さん、また飛ばないんじゃ……？

ついに山添さんを連れてスカイダイビングを飛ぶことになりました。私自身スカイダイビングは初めてですが、高所がとても苦手という自覚はないので大丈夫なのではないかと思っています。ですが、この話をもらって最初に思い浮かんだのが「山添さん、またギリギリになって飛べなくなるのでは？？？」「結局、私だけ飛んで終わるんじゃ……」という不安です。この放送を観た方はわかると思いますが、私が番組の終わりですごい目を

試食時間がなかったTDLの飲み物をOA後に

していたのはこの懸念があったからです。ロケはまだ先、どうなることやら……。

9.6 tue 大木劇団に紺野まひるさんが登場!?

この日はキョロちゃん缶を紹介した印象的な日でしたが、もうひとつ……。大木劇団に、元宝塚歌劇団の紺野まひるさんが参加されるという奇跡的な回でした。しかも初ミュージカルです。スタッフさんの努力により回を重ねるごとにセットもクオリティが上がっています。この公演は本当にすごかった！ 「朝からなにをやっているんだ」と言われればそれまでなのですが、紺野さんパワーもあり感動オモシロ舞台となっていました。観てない方はぜひ観てほしい……観てもらわないと伝わらない！ しかし、これを節目に大木劇団はしばらくお休み。本当にスタッフさんたちが大変なんです(笑)。準備期間をとってまたさまざまな物語を見せてくれるでしょう。

この夏の思い出、「ラヴィット！夏祭り」での1枚

9.15 thu これが本当の「匂わせ」です

オンエア前、川島さんと木曜レギュラーの横田真悠さんが「真悠ちゃんの香水つけてるよー」「ありがとうございます！」と話していました。横田さ

「今夜のTBSは！」でラッピーちゃんと一緒に

んがプロデュースした香水のことです。実は私も真悠ちゃんからこの香水をいただいて愛用していました。平日の朝は余裕がないので香水はつけないのですが、この前の日に「あれ、あの香水と香りがする？ 残り香かなぁ」と気になっていたのです。まさか川島さんが、がっつり同じ香水をつけていたとは(笑)。「あ！ 川島さんもやっぱり同じのつけてたんですね！」となり、『ラヴィット！』内でおそろい多発だ〜とか言っていたら、川島さんが「あ、これが本当の匂わせですなー」。3人とも大爆笑。このように、当番組はいつも平和です。

9.30 fri 『ラヴィット!』ギャルサー結成か!?

今日はくっきー！さん、黒ギャルさん、近藤さん、東京ホテイソンさんとスタジオでパラパラを踊りました。どうやらくっきー！さんは空前のパラパ

パラパラのメンバーと記念写真！ 楽しかったー！

ラブームのようです。未経験者の私は３日間練習を頑張って仕上げていきました。番組終わりに、スタッフさんと一緒にパラパラを練習する様子はまるで90年代後半の放課後。近藤さんとくっきー！さんのクオリティに合わせなければ……！カメラの前で踊るなんて不安しかありませんでしたが、本番は学生時代の文化祭のように楽しかったです(笑)。全員のクオリティもかなり高く仕上がっていたと思います！　オンエアでは川島さんに叱られましたが、CM中にこっそり「完璧だった！」とほめてもらいました。これは『ラヴィット！』ギャルサー結成か！？

10.5 fri 私のステップだけカッコいい？

この日は就職説明会の司会。かっちりなお仕事

この日のオープニングのテーマは「みんなで一緒にやりたいこと」。アンタッチャブル柴田さんが「みんなでTikTokを撮りたい」ということで、事前に「愛のしるし」(PUFFY)を練習して踊ることに。私も少し前に動画をもらって覚えていったのですが、オンエア前にスタジオでみんなで練習していると「ん、なんか違う？」。私がもらった動画はこのTikTok用ダンスの振り付けを担当したダンサーさんの動画のようで、ほかのみんながTikTokで踊っているものよりも玄人向けというか、動きが細かかったんです。なんとか周りに合わせましたが、オンエア終わりに、「ひとりだけステップがカッコよかったよ！」と安住さんにほめられました。恥ずかしかった……(笑)。ぜひ『ラヴィット！』のTikTokアカウントをフォローしてください！

10.14 fri 本当はもう少し綺麗に泣きたい……。

久々の『ラヴィット！』大号泣回です。「涙がこぼれそうなもの」というテーマのもとさまざまな“泣ける動画”を観ることになったのですが、泣いちゃいますよねー。3つの動画のうちふたつが初見だったので、堪え切れず泣きました。１回観ている動画だったら耐えられるのですが……。
「よく泣くね」と言われますが、泣きたくて泣いているわけではないのです。ウルウルしてきて堪えたいけれど、一線を越えると顔の筋肉が収縮してぐちゃぐちゃな表情になってしまうんです。もう少しサラッと綺麗に泣きたいです。あと、肩の筋肉も収縮するので泣いた後は25mプールを泳ぎ切ったぐらいの疲労感が襲ってきます。わかりますよね？？　あとの時間がしんどくなるのに……やはり涙が流れてしまう。

同期の宇賀神アナが誘ってくれて「ラヴィット！カフェ」へ！

10.19 tue 盛山さんvsラッピー、激闘の裏側！

最近なにかと芸名が変わっている水曜レギュラーの見取り図盛山さん、いや、この週は「山盛りさん」

でした。しかし、名前が変わっても相変わらず試食を巡るラッピーとの戦いは終わらず、毎週奮闘されています(ラッピーも山盛りさんに食べてもらいたいと、毎回願っているんですけどね)。
この日はあみだくじで試食する人を選ぶことに。しかしこのあみだくじが本当にすごくて……。あみだくじのあみだの一部が砂鉄で作られていて、裏から磁石で操作できるという！　昔、理科で習った「いつ使うんだよ」という知識はこういうところに役立つんですね！

金曜『ラヴィット！』の謎解きコーナーのために詐欺集団クロウサギの一味に

10.27 thu 「炙りカルビ」で負けました……。

この日のハイライトは「わんこ蕎麦」と「炙りカルビ」。ニューヨークさんとニッポンの社長さんの2組が、2021年と2022年の『キングオブコント』最

ランチで久々のうなぎ!?　東海地方出身なので、ひつまぶし派

下位の因縁の対決に決着をつけたい！と、わんこ蕎麦で勝負をすることに。今回はコンビふたりが途中で交代しながら蕎麦を食べてもいい、という特別ルール。ニューヨークさんはひとりが食べ続けて途中で苦しそうになったら交代していたのですが、それでは追いつかない。ふとニッポンの社長さんを見るとメリーゴーランドの如くグルグルと回りながら交互に蕎麦を食べていました。これは新しい！　私は感動しました。結果はニッポンの社長さんの勝利。わんこ蕎麦ダブルスの誕生です。もうひとつの「炙りカルビ」に関しては……スタジオでやった居酒屋ゲームとだけ、書いておきます(笑)。

11.11 fri エンディングでまさかのラップ披露……！

収録で久々にホグワーツのローブを着ました

このまま穏やかに楽しく1週間の放送が終わる、そう思っていた金曜日。この日は「おすすめの細長いもの」でくっきー！さんが芸人のエハラマサヒロさんを紹介。そしてスタジオに登場してもらったわけですが、エハラさんのボイパをバックにくっきー！さんがラップをしてキレるという謎展開。川島さんも巻き込まれ、盛り上がりました。しかし事件が起きたのはエンディング残り30秒、さすがにこのままいつも通りに終わるかと思うじゃないですか！
再登場したエハラさんを前にくっきー！さんが私にラップを振ったんです(笑)。「まこちゃん、なん

かやって」って休憩時間みたいなノリで(笑)。観ていた方にはいかに『ラヴィット!』がアットホームすぎる番組かよくわかっていただけたと思います。「すばらしいリリック!」と放送中もほめてもらい、終わったあともみなさんにほめてもらえたのでよかったです。
ただ、放送が終わりきるまでは一切の油断は許されないようです……(笑)。

11.22 tue 犯人探しはもうやめよう!

火曜メンバーギネス世界記録への挑戦第2弾!前回、見事世界記録となった「新聞紙で人を巻いた最速タイム」、巻かれる人がひとり→ふたりになりチャレンジ!というものだったのですが、3回挑戦したものの残念ながら失敗となりました。私は参加せず傍で見ていたわけですが、みなさん本気で頑張っていたんです。ですが本気がゆえに、第1弾以上に「犯人探し」をしてしまうんです(笑)。稲田さんも途中「もうそんなんならやめましょ……」と悲しそうにする始末(かわいかった)、最終挑戦に向けCM中もずっと本気の作戦会議です。また次回改めて挑戦しよう!となったわけですが、反省会で川島さんとも「あれ事前に練習しないと次こそほんとにケンカになるかもな(笑)」と。笑い話ですよ! みなさん普段仲がいいがゆえに遠慮なく気持ちをぶつけ合ってしまうんです、体育祭みたいで懐かしいですよね……。

ナレーションのお仕事にて。なんかまぬけ顔……

12.7 wed 結構似ている!?盛山さんの「ギガアーニャ」

同期の宇賀神と大阪に行ってきました〜!

この日はオープニングでAKB48の小栗有以さん(ゆいゆい)が『SPY × FAMILY』のアーニャのコスプレをするという展開になったのですが、見取り図・盛山さんもまさかのネタ被りでアーニャの格好をすることに。もちろんゆいゆいは安定の可愛さです。そして盛山さん扮するギガアーニャの登場……。もちろんスタジオはザワついたわけですが、みんなが驚いたのはスカートの下からのぞく盛山さんのカサカサの膝。わざと白い粉をつけてきたのかというくらい、粉がふいていました(笑)。まぁ冬ですからね、仕方ないかぁとも思いましたが、ぜひ保湿してもらいたいものです。そんな盛山さんはVTR中もCM中もずっとアーニャのマネをしてしゃべっていました。それが結構アーニャっぽくて可愛くて、わたし的には似てる……と思ったのですが、そんなこと言ったらアーニャファンに怒られますよね……。

12.12 mon 怪しい風貌の偽ラッピー

久々の真空ジェシカのおふたりがゲストで登場、この日放送の大阪ロケに行ってきてくださいました。ロケはとっても面白かったのですが……この日の放送開始直前、川北さんがおもむろになにかを頭にかぶりはじめました。えーっ、どういうこと！？　そして番組がはじまりました。そう、川北さんがラッピーになっていたのです。体のほっそーい、偽ラッピー。　どうやら以前に『ラヴィット！』対策というイベント企画で使われたラッピーだそうです。似ているのは色と耳が折れてるとこぐらい？という感じですが……。すごいですよね。毎回、真空ジェシカさんには驚かされます。放送終わりに、私も川北ラッピーと記念撮影をしてもらいました！　またどこかで会えるのでしょうか……。

これがウワサの偽ラッピー……。

12.21 wed　おいでやす小田さんのさまざまな顔

ちゃっかりラッピーとクリスマスの記念写真！

小田さんは俳優、作家、アーティスト・おだみょんなど、いろんな顔をお持ちです。俳優デビューからひっきりなしに仕事が絶えない小田さん。川島さんも「こんなにドラマ出演が続くのは目黒（蓮）くんと小田さんぐらい」と話していましたが、なんと「2022年ブレイク俳優ランキング」に小田さんが9位にランクインしていたんだそうです！

12.28 wed　山添さんの話、聞いてませんでした……。

2022年の『ラヴィット！』最終日！ということで、『夜のゴールデンラヴィット！』に向けて、朝の放送はまさかの山添さんと私、ふたりだけ……。そんなことあります！？　ほとんどがＶＴＲだったのですが、通常回とは違う変な緊張感。スタッフさんも少なく「本当に生放送なの？」という雰囲気の中でお送りしました。オープニングトークで山添さんに「もっとも忘れらない『ラヴィット！』になにがランクインすると思いますか？」と聞いてみたのですが……。実は時間やら段取りを考えていて、山添さんの答えを全然聞いていませんでした（笑）。たしか三四郎さんのトークがどうとか話されてたのですが……。「あ、やば、聞いてなかった……」と思いながら誤魔化しました！　すみません！　ですがここで緊張したぶん、夜の『ゴールデンラヴィット！』はとても楽しくいい時間を過ごせました〜。朝と夜、山添さんと川島さんに感謝の1日でした（朝のエンディングの山添さんだけは許しません）。

2023年もよろしくお願いします！

お疲れさまでした！

また来週！